从1元钱开始

李锦　著

中信出版集团 · 北京

图书在版编目（CIP）数据

从 1 元钱开始 / 李锦著 . -- 2 版 . -- 北京：中信出版社，2018.3
ISBN 978-7-5086-8181-8

Ⅰ . ①从… Ⅱ . ①李… Ⅲ . ①财务管理—家庭教育
Ⅳ . ① TS976.15 ② G78

中国版本图书馆 CIP 数据核字 (2017) 第 232726 号

从 1 元钱开始

著　　者：李　锦
插　　图：胡姗姗　王杰炜
出版发行：中信出版集团股份有限公司
（北京市朝阳区惠新东街甲 4 号富盛大厦 2 座 邮编 100029）
承 印 者：北京画中画印刷有限公司

开　　本：787mm × 1092mm　1/16　　印　　张：14.75　　字　　数：127 千字
版　　次：2018 年 3 月第 2 版　　印　　次：2018 年 3 月第 1 次印刷
广告经营许可证：京朝工商广字第 8087 号
书　　号：ISBN 978-7-5086-8181-8
定　　价：49.00 元

谨将此书送给
我的太太
和
两个儿子

自序

写此书的主要目的是与读者分享亲子教育的苦与乐，同时也想告诉读者如何培养孩子的责任心。这很重要，因为孩子长大后，要对自己、家人、朋友及社会负责。倘若缺乏责任心，做人便没有目标，他们会变得不积极，没有感恩的心，不但不能对社会有所贡献，甚至可能成为社会的负担。

另外，我主张理财教育应尽早开始，帮助孩子建立正确的金钱观，以便他们拥有一个健康的财政基础。“量入为出”“积谷防饥”虽然是老生常谈，但现在不少人都逃避去想这些，也没有认真为退休后的生活打算。赚得少和没钱储蓄不能成为借口，最重要的是我们的心态及习惯。每天即使只存 1 元，也能养成储蓄的习惯，为将来投资打下基础。储蓄和投资代表我们对将来有盼望。对未来有盼望的人，即使月入数千元，也比一个月入10万元但全数花光或抱“今朝有酒今朝醉”想法的人更有优势。因为只要抱有希望，坚持下去，我们便有成功的一天。

我希望我们从小教导孩子学会“等待”，因为“等待”在投资理财中是很重要的一环，让他们学会正确的投资理财之道，长大后拥有一个健康的财政状况，再加上健康的人生观，达至身心和谐及平安，做一个负责自主的社会栋梁。

李锦

第二版　前言

开展第二职业生涯

我将自己的职业生涯分成两部分。2015年以前在金融行业（证券交易所及银行）工作，是第一部分。2015年以后开始全力推动儿童及青少年理财教育，是第二部分。后者的目标是通过系统和生活化的课题，让我们的下一代从小建立正确的价值观、懂得理财，打好人生至关重要的基石。同时，我希望教育部门、社会贤达及家长能够正视儿童及青少年理财教育并予以支持，也希望理财教育最终能被纳入小学，至少是初中的必修课程。

特别感恩前公司法国兴业银行（Societe Generale）。在公司工作期间，我不仅获得了物质回报，也获得了不少额外的“非物质回报”。例如，参与成立公司在亚洲的首个企业社会责任（Corporate Social Responsibility）部门，并担任前三届企业社会责任大使；与同事一起参与社区服务工作，包括鼓励贫困家庭的学龄儿童、提升他们的读书兴趣、帮助他们打好学习基础，以及邀请他们参观公司等。更高兴的是，公司支持我出版了两本亲子理财书，并让我在工作之余有机会出席近40场亲子理财的讲座，这宽容度是很多外资金融机构欠缺的。工作收入也让我在2007年1月与好友成立了“社联—颂慈基金”，至今已帮助了超过2 000位有需要的长者改善家居环境及生活质量，最近的工作包括“耆梦成真”项目。

借此分享过去两年多的工作

- 2016 年与香港教育大学举办了家庭理财教育与青少年理财关系研究报告发布会。对从 4 家香港中学收集的近 800 份问卷的研究中发现：近 5 成青少年忽略理财或者没有正确的理财观念。这表明，社会有极大的迫切性和责任来引导青少年建立正确的理财观念；家长也应该以不同的方式鼓励孩子学习理财，例如教孩子合理使用零用钱。
- 与香港中学、小学、大专，以及包括强制性公积金计划管理局、东华三院、圣雅各布福群会等机构，合办了超过 40 场的亲子理财讲座。
- 2016 年起与 4 家香港中学合办了初中理财课程，得到学校和家长的正面评价。
- 获得香港教育大学的录取通知，开始修读教育博士课程，提升自己以便带给孩子及家庭更专业的帮助。希望通过相关研究，未来能更有效地在学校推广理财教育，帮助儿童和青少年建立正确的理财观念，这对其成长及其与家庭的关系有很大的益处。
- 与两位好友成立了“儿童及青少年理财推广教育基金有限公司”，公司以社会企业形式运作，待成功申请成为获豁免缴税的慈善机构后，我们会注入一笔款项推广青少年教育工作。

建立正确的价值观和理财观不是一朝一夕可达成的，亲子理财教育需要长时间的努力。这项教育非常重要，我会逐步进行，难但值得坚持，感谢您的支持。

李锦

第一版　前言

(一)培育孩子要经营

不肯去培育孩子，当“习惯”成为习惯，那时就太迟了，要改已经很难了。

我发表了一些有关亲子理财的文章，收到一个朋友的电子邮件，他说：“我读了你的文章，觉得很好，但不好意思，我觉得太难了，太辛苦了，没有办法，任由我的孩子成为‘港孩’[①]算了！”

的确，养育孩子，不论一个还是几个，父母需要付出很大的心力，难免牺牲或改变很多生活习惯，比如带孩子去贫困地区探访小孩、建学校，但父母却嫌不卫生，自己先放弃，找朋友带，试问孩子又怎会乐意去呢?

身教最重要

身教最重要，例如父母习惯晚睡、过了中午才起床，在孩子面前抽烟、赌钱、赌球、赌马……又如经常说邻居的是非，对亲戚、朋友评头品足，说三道四……试问孩子在成长过程中耳濡目染，又怎能不“继承衣钵”。

① 港孩，概念起源于明报出版社于 2009 年出版的《港孩》。作者在书中总结香港生于九十年代中后至二千年初的孩子的 10 种特征，并将这些孩子称为“港孩”。——编者注

克己、承认错误

我不是主张作为父母，就一定要遵守最高道德情操，控制情感，将七情六欲完全控制。我们不是圣人，也会偶尔说粗话、发脾气，这是可以接受的。例如与出租车司机争执，但尽可能在事后，跟孩子说明原因。如果认为真的是自己做错了，更要跟孩子说是自己做得不对，下次尽量避免犯错。承认错误是对孩子最好的身教，也是一个与孩子沟通的良好时机。讨论事情的对错时，例如可以问：“爸爸刚才发那么大的脾气，你觉得如何？”聆听孩子的意见，他/她可能会根据事实提出自己的意见；也有一些迫于父母的威严，不敢说真话，唯唯诺诺。倘若是后者，更要借此机会与孩子好好倾谈，放下父母尊严，修补关系。

沟通，增进彼此了解

我们千万不要觉得“我是父母，不能认错”，这样会令孩子不敢提出意见，即使他有理由或确实做得对，也不敢提出来。久而久之，孩子便会没有主见或懒得提出意见，因为父母不但不听，而且总以为自己永远是对的。养成这种懒得表达或不敢争取应有权益的习惯，孩子长大后，不论做人或做事，会变得没有主见和不懂得争取/保护自己的权益，将来不论在人际交往上还是工作上都会吃亏。

有人说父母和孩子有代沟，这话没错，不过，我认为代沟可以缩小。任何人与他人都有沟通上的问题，只不过如果是与普通朋友或生意上的人沟通不好，可以不再见面，顶多是少了一个朋友或失去一个生意机会。但子女与父母的关系是一生一世的，所谓切肉不离皮，如果缺乏有效的沟通和关心，衍生的恶性后果可能很严重。

（二）培育孩子越早越好

通过沟通，帮助孩子建立良好的生活习惯，起码在孩子成长过程中，发生以下的情况会减少很多。

◎不会或懒得去收拾房间和清理饭桌。

◎挑食，视零食和汽水为“命根子”。

◎不会主动说早上好、请、多谢。

◎整天玩电脑，眼睛和手指连续几小时不离电脑。

◎走路腰背不挺直，躺着看书。

◎一言九“顶”，例如说“如果连给我买手机的钱都没有，就不该把我生出来”这种话。

教孩子学会自重

父母努力给孩子最好的、他们认为最重要的，但换来孩子的冷言讽语，觉得父母好烦。归根结底，我们一定要从孩子出生前，先想好如何教育孩子和培养他们养成良好习惯。

一分耕耘，一分收获。不肯去培育孩子，当“习惯”成为习惯，那时就太迟了，要改已经很难了。如果从小培养孩子的责任心和良好的生活习惯，学会自重、尊重和感恩，我不敢说出现以上恶果的机会是零，但至少会减少很多！

良好习惯从小培养

父母不应溺爱孩子，应该从小就教导他们养成良好习惯。

前几天和一个客户吃饭，他是一名中资公司的高层，除了谈公事，也谈到彼此的家庭生活。他的孩子今年 17 岁，在加拿大读书。言谈中，他提及现在很难和儿子沟通，发电子邮件他不回复，打电话也谈不上 20 秒（不足半分钟，他强调）。唯一了解儿子情况的渠道是通过儿子的表弟。客户也说，有另一个途径和儿子联络，那就是当他要用钱时，他会主动联络，叫父母汇钱。

读者可当以上只是一则笑话，但当针刺到肉时就知道痛，像这种事情发生在自己身上时，自己才知道苦。

散养造成恶果

虽然我的两个儿子还没到读高中的年龄，但前事不忘，后事之师。早些了解，学习别人子女的成长过程，的确可以给我们一个借鉴。那位客户还说，如果时间可以倒流，他会改正教导孩子的方法。

不要“散养”

散养是指由孩子出生至成长阶段，父母会采取一个比较宽松的教导方法。例如，即使有能力收拾自己的玩具、清理饭桌、将要更换清洗的衣物放至适当的地方，孩子一般不会主动去做，而父母也采取“随他去吧，等他长大了就知道怎么做了”的做法。慢慢地，孩子就养成了一些看似不大不小的陋习，但是将来大了，陋习就变成了恶果。

吓人的柔软物体

再说客户的儿子，一年内让父母买了几次内裤和袜子。父母觉得奇怪，一年哪里需要穿几十条内裤和几十双袜子呢？结果有一天，母亲去加拿大看儿子的时候，在房间角落找到一大袋的柔软物体。她打开一看，差点晕倒，里面不是吓人的东西，不是动物尸体，而是封存了差不多一年的内裤和袜子！看似笑话，也应为父母提个醒，真的要从小教育孩子，千万不要说“他（她）年纪还小，长大些再教育，这么小教他（她）也不会明白的”。

从小就要定好规矩

当然，有读者会认为我举以上的例子有点以偏概全，极少有相同情况出现。但是，一个不懂自理的孩子，他（她）会有良好的学习习惯，也会有适当的责任感吗？！

最后，那位客户说，如果时间可以倒流，他和太太不会只“亲子”，也会多加管教，让孩子养成一些良好的习惯，学会自我管理，而不是只知道读书。

我认为教育孩子的方法应随年龄增长而不同：

◎年少时要严，定规矩。

◎ 11~13 岁，讲道理，多聆听和沟通。

◎超过 15 岁，让他们自己决定，承担后果和负责任。

最后，本书书名取“从 1 元钱开始”，是要强调孩子的良好习惯要从小培养，如果想要更好地培养就得从出生的那一刻开始。婴儿的智商和成长速度与我们那时所处的年代真的很不一样，我们要把一个月大的婴儿当成两岁大的孩子来施教，因为他们实在太聪明和早熟了。

李锦

目录

目录

目录

第六章
父母恩勤

在天光墟的交易里，
每一次都有新的体验，
我们觉得东西可以重用，可以用到尽，
对买卖双方及环境都是好的。

第一章

来买东西的人，
他们的诚信、淳朴、
知足、坚持和乐观……
着实给我们不少启发。

第一章 天光墟的启发

01 开心的体验

深水埗天光墟[1]在香港通州街公园附近的天桥底下，主要买卖二手货和从垃圾站捡回来的有用物品，林林总总，包罗万象。除了深水埗外，观塘、北角、红磡等地区也有天光墟，但听说规模较小。一般在凌晨三四点开始，在天亮前就要结束，因为早上七点，相关食物环境卫生监管部门的人开始工作，所以大家在早上六点四十五分就要开始收拾东西了，这规律已维持了不知多少年了。

来天光墟的有年轻人，也有老年人，但以中老年人居多，可能是打发时间吧，人们都是希望以很便宜的价格买到适合的东西。

虽然我们卖的东西比较新又最便宜，但附近摆摊的老人们对我们很友善，有时还会来提醒："摆在这里，光线强些"，或是说："要收拾了，就快来清场啦"，完全没有竞争。

我们有时担心被相关食物环境卫生监管部门的人"捉"，也体会过"生意不景气"，从五点卖到接近六点半，既担心继续下去会被"捉"，但又考虑到拿回家也很麻烦，所以坚持摆摊而被"捉"，还好第一次被"捉"不留案底，只罚款了事。我们一般是乘出租车去，坐地铁回，通常卖出的东西只赚数十元，不够付车费，但够吃早餐，还可余下二三十元给孩子存起来，大家也很开心了。

① 天光墟起源于广州，泛指晚上开始、天亮前结束的集市。——编者注

在天光墟的交易里，每一次都有新的体验，我们觉得东西可以反复用，用到尽，对买卖双方和环境都是好的。

BOX

摆地摊的启发

来买东西的人，他们的诚信（不会不付钱），他们的淳朴、知足（他们会说已很便宜，不用减价了），他们的坚持（有时对老人家不收钱，但他们不肯），他们的乐观（买到一双旧休闲鞋，也满心欢喜）……着实给我们不少启发。

02 天光墟的买卖智慧

与朋友说起曾多次与孩子去深水埗天光墟，朋友问是否去买东西，因为不少人去鸭寮街①是去买电子零件，或者看看是否有便宜的东西可以执平货。我笑了起来，告诉朋友那儿卖的东西大部分很残旧，很多更是从垃圾站收集回来的！当然也有少数是全新的东西，例如一些没有牌子的电池或小电筒等，我的大儿子就买了一个小电筒回家玩。

在天光墟，卖的不必一定是名贵的东西、名牌、全新的，或是绝版的（朋友寄卖的东西有些原价数千元），而是要切合时宜，如天凉时卖冬天的厚衣物，夏季来临则卖一些薄衣，否则，即使你的水晶座台灯或名贵摆设卖 10 元也无人问津，甚至卖 1 元也没人要。那里的顾客是需要买才买，有用才买，不会贪小便宜，与很多人趁大减价去“扫”一些不会用、不实用的商品相比，他们真的聪明得多了。

我在天光墟的另一个观察是，人们即使花 1 元，也会检查清楚，有的顾客在买鞋时会仔细检查尺寸，以确保买到适用的物品。

见到此情况，我感到高兴，因为可以跟他们学习珍惜事物。

---

① 鸭寮街是香港电子零件的集散地之一。——编者注

去天光墟的流程

一星期前

整理自己要卖的东西，或通过朋友、同事收集东西。

两天前

将物品分类，以价格为标准，两兄弟会商讨如何将物品分为1元的、2元的和5元的。

一天前

太太帮忙将已分好的物品放在袋子里，跟孩子们约好谁负责带哪一袋东西。

当天

孩子们商量谁卖1元、2元和5元的东西，什么时候进一步减价，以及谁负责铺报纸及收拾等。

03 应买而买

为什么在天光墟，人们不先买下便宜货，然后囤积起来，再卖出去来赚一笔？从顾客口中得知，家中没有多余的地方放这些闲物。就算小孩子看中两件玩具，也只能买一件，原因是不想浪费，或是真的没地方放。相比我们的小孩，同一款的玩具车就有数种颜色，一季有接近 10 件外套……太多的物质供应，会令孩子不懂珍惜。

我们也尽量限制儿子们的玩具数量，同一种类不超过一件，要买就先要问为什么要买，是否旧的已不再玩？待决定买时，要先送出旧的，不可以既要新的，又想保留旧的。这做法是让儿子们知道什么事都有限制，需要作出取舍，不是想要什么就有什么。要是习惯了“要啥有啥”，将来他们缺乏能力去满足物欲时，可能带来以下后果：

1. 感到自卑、沮丧——个人能力不能满足欲望，觉得自己很没用。其实可能不是他们能力有限，只是习惯了不切实际地索取，这源于父母当年过于满足他的物质需要。

2. 铤而走险——很多人儿时习惯了提出要求就能得到满足，长大后在靠自己的情况下，如果能安分地努力工作，逐步达成愿望还好；如果好高骛远或总想走捷径，以致做一些越线或非法的勾当。

这个天光墟虽然每天只营业短短四五个小时，但会让人知道富裕有富裕的生活，穷有穷的日子，吃一顿饭不一定要数百元，十几元也可以；买一件衣服不一定要数百甚至数千元，1 元或数元也可以。

04 卖给真正的用家

在天光墟卖东西有一点要留意，如果卖的是电子产品，如 MP3（音乐播放器）、录音笔，或是大量牛仔裤，不一定要卖 1 元、5 元这么便宜，以免有些识货的人来执了平货，转手便赚一倍。我不是因为卖便宜了而觉得可惜，而是希望将物品卖给真正的买家，不想让人将价钱抬高，转手图利。

所以，卖东西也要有些小技巧，两个孩子在挑选客人方面很有心得。例如老人家来买一条裤子或一件外套自用，原价是 2 元或 5 元，孩子们很快会减价至 1 元，因为他们知道找到真正的买家了，以 1 元的价格感谢老人家购买，东西找到了好主人。又例如，有位母亲想买一件玩具或衣物给子女，我们也会将价钱减半，因为她是真正的买家。

有些年轻人来买电子产品如手写板时，要求价钱由 5 元降至 2 元，孩子们会坚持原价，因为他们知道那些人可能是想转手图利。但是，当一个老人家说要买给他的孙子时，孩子们会自动降价至 2

元，甚至1元。我看在眼里，不会插嘴，让孩子们自己决定。有时候，有老人家看中一件背心，我们本来卖2元，孩子会自动减为1元，还叫对方多拿一件。

为何这样做？我教孩子们要尊敬长辈，特别是老人家，他们一般生活节俭，所以能帮就帮。

05 体验学习

我相信两个儿子不会视天光墟为赚钱的地方，他们有时虽然觉得辛苦，但仍觉得好玩。刚开始时，我们会按原定的价格售卖，但接近六点半，我们便要想办法，把货物卖出去，因为七点便要清场。说真的，即使去了多次天光墟，但我每次都怀着紧张的心情，担心是否会下雨？货物是否合人们的心意？货物能否在天亮前卖完？卖不完要如何处理……

一般在六点十五分后，孩子们就会紧张起来，问是否要降价促销，否则卖剩的还要带回家。另外，他们在遇到合适的人时，例如一位母亲要买一件上衣给孩子，倘若还有不少儿童衣物，孩子们也会主动说买一送一，甚至只要数元，便全部卖给她。

降价促销及因人而异的技巧，是孩子们经过多次买卖才领略到的，在适当时运用，他们会很开心。

又例如有一位老人家要买东西给自己或孙子，原本是 1 元一件的，孩子们也会主动说“你要买就 1 元两件”，因为他们明白真正的买家就在面前，不能不收钱，但可以象征地收费，帮人（卖便宜些）也帮自己（快些清货）。

起初，我们到天光墟只是为了帮人，但逐渐就像给孩子的理财活动。“理财活动”这名称是我的一位朋友提出来的，让我觉得除了帮人之外，也给孩子上了一堂理财课！哈哈！

06 择善而为

某报纸记者采访我关于带两个儿子去天光墟的事，记者朋友问到，“如何利诱孩子那么早起床？”

我对这个问题感到有点愕然，自数年前开始和两个儿子一起去天光墟，差不多已经成了习惯，又何来有利诱之心呢？大儿子曾经有一次表示不想去，但我告诉他不是每一件事情都是自己喜欢才去做，问他觉得去天光墟是否有意义，他答“是”，我说那么便要牺牲一点睡眠时间，不能只做自己喜欢的事。之后，大儿子便不再“投诉”了。

不过，随着他们渐渐长大，以及去过多次以后，新鲜感下降，有时也难免赖床。

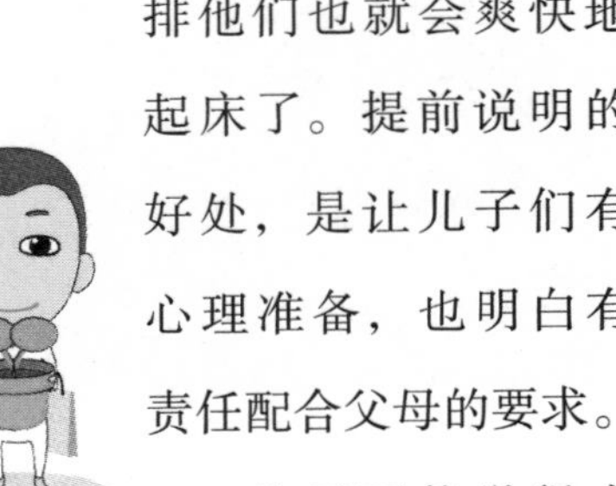

我预计到他们可能不愿起床，就让他们在前一天晚上早点睡，说好第二天要四点半起床，如此安排他们也就会爽快地起床了。提前说明的好处，是让儿子们有心理准备，也明白有责任配合父母的要求。

孩子可能觉得去

天光墟有点儿辛苦，但在父母的鼓励下，加上他们自己的参与，当卖完所有东西时，会有成就感，即使辛苦也开心。

07 一个大学生的感想

我接受采访的文章刊登后，收到十几封电子邮件，其中一位香港中文大学的学生基思（Keith）对我带孩子到天光墟有以下评论，节录如下。

因为之前在学校有其他活动，所以一直没看这篇报道。看过之后，我首先感到有点儿愕然，因为深水埗玉器市场离我家很近，但是我想不到原来在清晨有这么一个天光墟，有这么多的低收入人群会买便宜东西。虽然我知道住在深水埗的人大多不富裕，但是真的没想到他们付 1 元买东西都要考虑，换了是我，我可能丢了 1 元也不会察觉。所以有机会的话，李叔叔请你下次叫我一起去摆摊，我也很

想体验一下。

另外，我觉得你两个儿子将来一定会成功，因为他们在这么小的年纪就已经知道很多投资的道理，这些机会不是每个人都有的，他们很快就会明白钱究竟有何作用，确定自己的目标。

看完这篇报道，我知道了世上没有免费的午餐，投资绝对是钱生钱，所以首先要存钱，我相信你这种特别的教学方法一定有效果。

最后还是要重申，李叔叔如果再摆摊的话，我很乐意参与。

基思

08 大儿子的感想

天光墟在香港通州街公园附近的天桥底下，是通州街与北河街的交界，通常是爸爸带我和弟弟一起去。

天光墟是一个街市，卖的是用过的东西，很便宜的，我们卖的最高也就5元。那些伯伯很认真地看过后才买的，他们要想清楚每1元是否花得值得。

如果要去这地方，就要五点起床，坐出租车去。到那里卖东西是为了帮助别人。我觉得是值得的。

天光墟在深水埗的旧区，这一区有很多老人、不富裕的人，大多数是男性，很少有女性。

去这个地方要非常早起床，大约是五点钟吧！如果起床晚了，就会晚到那里，就可能不能在七点前把所有东西卖

出去，因为七点的时候就有相关食物环境卫生监管部门的人来“捉”人了。

我们到那里是要卖东西，我们卖的是我们用过的东西，通常是1元、2元和5元，如果是老人，我们会以最低价，即1元卖给他。

如果我们把东西捐给红十字会等慈善组织，它们也会拿去卖，虽然比市价便宜了很多，但对不富裕的人来说还是很贵。

我们到那里一定要乘出租车，因为比较快。

上一次我们去的时候，六点就把所有东西都卖出去了，但平常是六点半还卖不完，要一两元都卖给别人（所有剩余的）。

我觉得辛苦，但可以帮人，所以是值得的。

09 小儿子的感想

今天我会写一个地方，它的名字叫作天光墟，这里很像一个个小店。

这里的一个小区有很多老年人，他们只有一点钱，所以如果他们想买一些5元或7元的东西，我们会收他们1元。

去那里要很早起床，因为如果起床晚了，就会被一些工作人员骂，而且旁边是街市和商店。

其实我是很幸福的，因为很少有孩子的爸爸妈妈会带他们来这个地方，但是如果他们不来的话，他们就会有越来越多的旧东西堆在他们的家里。

我们卖东西给别人是要帮助

有需要的人。

这个地方是在深水埗，多数来买东西的人都是男人，天光墟是个很小的地方，其他人卖得比较贵，只有我们卖得较便宜。有一天，我们去了天光墟，这天是我们带东西最少的一天，所以六点就已经卖完了。我们乘出租车去那儿，要早上五点起床。

我觉得很开心，因为我们可以去一些很多人没去过的地方。

第一天来的时候我觉得很辛苦，因为那天是我起床最早的一天。现在，我已经不觉得辛苦了，因为我已经知道这样做很值得。

10 我的收获

我们一家人去天光墟主要是卖东西，为我们不需要的东西找寻真正需要它及珍惜它的买家。我们会赚到数十元（很少超过一百元），之后去茶餐厅、旧式茶楼或快餐店饱餐一顿，慰劳一下孩子天不亮就要起床。另一个更大的收获是我们父子的亲子时间。在那里我们不谈功课，也不说教，而是专心地去计划每样东西应卖多少钱，1元、2元还是5元；谁负责拿哪几袋，谁卖哪些东西，以及在哪儿“摆摊儿”，最后何时撤退。

在那里，孩子学到了身体力行的道理，虽然我们有时意见有分歧，但整个体验是愉快的。

我把到天光墟摆地摊看作社会服务，就是觉得有需要和有实际效果。

我们拿去卖的东西都是自己不需要的，可以说是多余的，比起一些人拿他仅余的物品给别人，我所做的只是分享剩余的，说来惭愧。我想起十多年前跟随香港中文大学“小扁担”励学行动团去农村探访小学生，我们捐

照片提示：
离开前谨记清理好地方。

出了学长们的助学金给有需要的儿童，再去家访。有些家长真的打算杀了家里仅有的一只母鸡给我们吃，那母鸡是养来生蛋的，他们这样才是分享自己的所有。

然而，有些人确实需要帮忙，不管是分享自己剩余的还是所有的，总算是帮忙，我虽然不是将最好的东西拿来帮助别人，也希望是拿出有用的东西。去天光墟摆地摊，我并不是将它看作心灵的调味剂，只希望每次可以做得更体贴，带去的东西都能碰到合适的买家。

第二章

我写这本书
是因为亲眼见到的很多社会问题
都源于家庭的财政问题，
年轻人对财富增值的认识不多，更不用提理财能力，
课堂上教授的这方面知识也是寥寥可数。

教育机构看来要花点精力，
认真去思考、研究，
早日开设理财课程，
制定相关教育政策，
在理财方面多投入些资源。

第二章
亲子理财学习课题

01 何时开始给零用钱？

有人认为，在小孩子懂得数学计算后，就可以给零用钱了；也有人认为，越早给小孩子零用钱，对他学习理财越好。越早越好吗？到底什么时候最好呢？

我认为应该在孩子主动提出时，开始给他零用钱。孩子在五六岁左右，会开始与同学交换玩具，也会了解同龄人之间的生活习惯，当知道其他孩子有零用钱时，他自然会提出要求，那时候便是开始对他进行理财训练的时候。

父母可以提出一些思考性的问题，例如：如果每天给你 5 元钱，李叔叔说：

机会成本（opportunity cost）：
3 元可以买一个苹果，也可以买一个橙子，
要苹果就要放弃橙子。

你会怎样运用？存起来还是每天把它花光？会用来做什么？买日常用品、零食，还是买心爱的玩具？

我们不一定要提出所有问题，但起码应带出收入 / 支出的思维。

★**收入**——将每天的收入存起来、积少成多。

★**支出**——应预先计划怎样消费，做个理性的消费者。

在没用这些零用钱前，应该拥有如下心态和思维习惯。

★培养耐性。

★养成有盼望、期待明天的来临的心态。现在有些年轻人看似没有明天，有钱今天用尽，这种心态或多或少是因为他们从小要什么东西，父母都买给他们；更甚者是有些年轻人为了满足一时的购物快感，刷爆卡也无所谓。

★如果从小养成要等待、要计划的习惯，了解资源有限的道理，便可令他们明白对无穷的欲望必须有所取舍。

02 零用钱多少才算够?

孩子 A 有 5 元零用钱，用了 4.5 元；孩子 B 有 10 元零用钱，用了 11 元。收入是孩子 B 多，但孩子 B 可能觉得很穷，因为他每天都会觉得钱不够用；相反，孩子 A 就很满足，因为他用了 4.5 元后，还可以留一些作为储蓄。

大部分孩子在家吃饭，零用钱只是用来买零食。大家也知道，多吃零食不利于身体健康。所以从一开始，零用钱只是象征性的，借助零用钱教导小孩子有金钱的概念，学习“量入为出”、了解资源有限这些恒久的基本理财道理，才是最重要的。

量入为出

即使家境富裕，也不应一开始每个月就给他 1 万元，即使孩子不会花掉，但这个数目是很多人一个月的薪水！这样对他的金钱观会造成很大的混乱，以为 1 万元很容易赚到。

我认为除非家长肯定孩子长大后，能找到一份好工作，保证不会被裁员，否则过分溺爱，每日或定期给大额零用钱，真的会既害了孩子又害了自己，将来他赚不到那么多钱时，不但

会怪自己，也会找父母帮助，因为你在他小时候是这么地“慷慨”。

如果我们打算替孩子存钱，可以购买教育基金，或帮他买入稳健的股票，做长线投资。

BOX

学习等待的重要性

学习等待是一个正面的训练，令孩子潜移默化地培养出有盼望、有计划的正面思想。例如，当他想买一样东西，要订下储蓄计划，计算要花多长时间才得到。在这段等待的过程中，孩子会明白达到目标需要时间，不是一蹴而就，用钱如此，投资如此，做人也如此。

03 正确的金钱观念

一个八岁小孩对钱的概念，应该是限于 10 元可以买到什么，而且 10 元只可以买一样东西，买了头饰便不可以买腰带。

为什么？

这是教他们明白资源有限的道理，不可好高骛远，能力达不到时就要等待，要逐步达成目标。八岁的孩子应该是开心的，不需计算太多，只需学习便足够了。

我们要培养孩子建立正确的金钱观念。

★金钱不是人生唯一重要的东西。

★金钱要有道德地、合法地赚取。

★金钱应该适当地运用。

★不要做守财奴，也不要做没本事只会吃喝玩乐的花花公子，做事有始无终。

父母要帮助孩子建立一个正确的价值观，要诚实、负责任，即使父母不在身边，孩子仍然能记得父母的教诲。

小儿子曾经从学校拿了一支粉笔回家，我们花了半天时间给他解释，这样做是不对的，要他归还。若孩子在没有人看见的情况下，也会路不拾遗或不做一些不应该的事，这便是父母教导有方。当然，父母教导并不代表孩子百分之百会被教好，但起码比没有被正确教导的孩子“出事”的概率低很多。

04 子不孝，谁之过？

我见过一些人从小培养了不正确的金钱观念，以为靠运气、赌博就能发财，结果要依赖已退休的父母接济。

我有一位当教师的朋友本已退休，但仍兼职教书及提供家政服务，因为要替儿子还债。他儿子现在三十多岁，虽已改过自新，但过去十多年每遇到困难，例如生意失败、投机炒股亏损、赌场败北等，都是依赖父母接济。

过于保护，难以成长

我也认识一个朋友，年过四十，吃了上顿没下顿，没钱花时就向父母伸手。过去二十年，父母提供买房首付、多次代还月供，还要担心他的婚姻……唉！现在他的父母也承认从小到大过于保护、照顾他，不用他做家务、不曾让他做暑期工，总之所有东西都有人代劳，使他养成饭来张口、衣来伸手的习惯。更深远的影响是，儿子完全没有责任心，不只对父母，

对妻子也是。

以往当有人提醒他们叫儿子请父母喝茶，两人总说：“不用啦！无所谓啦！”总之就是没有教导孩子养成最起码的责任感——孝顺父母。

做父母的不用心栽培，除了少数的子女长大后仍会孝顺父母，其余的很容易变得不长进或不懂得孝道，父母是难辞其咎的。

 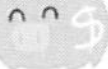

05 以身作则

父母是子女的一面“镜子”（十岁以后受同龄人影响另当别论），我们应常谨记自己的一言一行，会对子女造成深远的影响。

倘若我们经常跟别人比较，比如邻居换了车、换了一个大房子，不管自己的能力和实际需要，也想跟随。试问孩子在旁观察，又怎能不变得好高骛远?

我教导孩子的方法，可以是趁此机会告诉他们：“我们也想住大房子，但能力有限，要等待，要储蓄”，这样会令他们明白等待的重要性。

我们一家人每年都会去澳大利亚探望亲人，一般会去雪山住三四天，但去年我告诉孩子们，因为他们要去上海读书，家庭支出增加了，不如改为当天来回的出游，可节省七八成费用。结果孩子主动提出不如不去，彻底俭省。

事实上，在澳大利亚的雪山住三天和当天来回的出游比较，对我们家庭的整体支出影响不算大，但这种做法可以引导孩子去思考，分析理财、资源分配，给他们机会去判断是否去做。倘若不培养孩子的责任感和独立的性格，我们当家长的真的会“养儿一百岁，长忧九十九”。

06 应省则省

孩子在德行和消费模式上受父母的影响最大。要教导孩子“应用则用，应省则省”的理念，身教无疑最好。

我们外出吃饭，很少会点多到吃不完的饭菜，偶尔多了也会打包回家。事前会和孩子商量，每人点一种食物，如果觉得可能多了，那么就要减少一样，不要浪费。

要教导他们想清楚再买，或称理性消费，由父母身教开始。

有些人早上离家至傍晚回家，这期间都还要开着冷气，只因为担心回家时太闷热，浪费了数小时的电，不但不环保，更增加了开支。试问要教子女“少用些”时，他们想起父母也贪图方便和凉快而浪费金钱，也会做利己（舒适）而损人（不环保）的事，这该怎么办呢？

我们很少开冷气，即使有需要，在外出前，我会跟太太说：“不如关了空调，等回来后，再开空调或风扇，环保又省钱。”孩子耳濡目染，也会学习到什么是利己利人。

如果人人都有“我消费得起，我要舒服，又不妨碍他人，有何不妥！干吗对自己那么刻薄呀！”这种想法，难怪要实行停车熄火都遇到那么大的阻碍了。

07 培养耐性

如果问投资者，有一只股票投资 1 万元，一天就能赚 1 倍！好不好？相信绝大部分投资者都会说 :“当然好啦！有这么好的机会，当然不要放过啦！”

如果作为家长，要自己的孩子回答这个问题，他们肯定会建议孩子 :“孩子啊，做人千万不要贪心，因为会有很大的风险！随时都有输的可能，一分钱都不会剩！”

为何会出现双重标准呢？因为我们知道投资需要耐性，回报也要等时间才有收获。

我们可以尝试用以下的例子来教孩子。

首先，我们问 :

1. 大家知不知道农作物的收成期要多久，例如稻米要种多少天才有收成？

2. 菜心要种多少天才可以吃？

不知道？

那么，我们应该带他们去农场参观，问问农夫。（我有个朋友经营一个有机农场，我们一家去参观过。）

当孩子知道原来食物不是由机器生产出来，而是要经过一段时间才从土壤中生长时，可以引导孩子了解投资回报也需要时间，如果所投资的公司有良好的管理层和经营环境，可以慢慢赚到钱。

08 等待·希望

我教导孩子投资，不是学如何分析，也不是要计划赚多少，而是先训练他们的耐性，锻炼他们等待的习惯。例如在 2009 年中开始投资黄金，历时八个多月，虽然有不错的回报，但是我并没有获利。因为在开始时，我和两个儿子已说好，用 900 元买入黄金，一来作为分散投资，二来对抗通货膨胀，所以会持有较“长”时间，究竟是三个月、一年还是更长，视情况而定。开始时不知是会赚还是赔，但起码教导他们投资要有耐性是做到了。

培养耐性、学习等待，孩子会在不知不觉中学会拥抱希望，保持对未来乐观的看法。愿意等待，是代表不会过分着眼于面前的成败得失，即使短暂失败，也能够重新站起来，一直向目标进发。好处如下：

1. 耐性加等待，可让孩子（也包括我们）不再短视，习惯望远一点。

2. 抱希望，令孩子不会轻言放弃，即使暂时受挫，例如读书偶然成绩不好，又或者工作起步不顺利，但仍然会紧守岗位。因为他从小养成了等待的习惯，有耐性、抱希望，他不会轻易放弃，也不会走歪路，更不会铤而走险。

孩子在小时候是一张白纸，趁早教导他们明白投资理财不是要一朝暴富，而是需要时间让财富累积，这样才是正确的投资理财之道。

BOX

等待・希望

因为他从小养成了等待的习惯，有耐性、抱希望，他不会轻易放弃，也不会走歪路，更不会铤而走险。

09 家长教理财的 Dos & Don'ts

按孩子的年龄，我把家长教理财的过程概括分为如下三个阶段。

第一阶段：七岁以下（上小学前）。
第二阶段：七岁至十二岁（小学阶段）。
第三阶段：十二岁以上（中学阶段）。

我先不讨论在不同阶段应如何教导孩子理财，先谈谈我们作为家长有些什么应该做的（Dos）和不应该做的（Don'ts）。

Dos：

1. 有详尽的理财计划。有很多父母自己就没有理财计划，他们会说："我才有几个钱呀？还房贷、供孩子上学、家庭开支，刚好用完，哪还有余钱做理财？理财得有财才能理呀！"这种想法是错的。谁不想收入大于支出？但不做一个简单的收入与支出表（简称收支表），又怎能找出一些原来可以节省的非必要的支出呢？收入固定，而支出减少一些，便可以有余钱储蓄或投资了。

如果可以与孩子（有些八九岁的孩子已懂得投资）一起草拟收支表，让他们早些理解收支的概念，对他们是绝对有帮助的。

2. 坦诚告诉子女家庭的财务安排。上段提到与孩子计划或讨论家庭财务和收支预算，除了有助于他们提早懂得理财外，也可趁机让他们知道父母的收入（通过努力工作所得的收入）要用来支付多方面的开支，当他们见到其中一些项目，例如学费、补习费、教育金投资，甚至非经常支出如医疗、旅行等，不用刻意说，他们也会知道原来父母的开支也不少呢！总好过父母天天念叨（特别是子女不听话的时候）："我在你身上花那么多钱，到头换来一肚子气！"

3. 齐商讨家庭开支。倘若家庭真是捉襟见肘，可借安排收支预算，以"温柔的方式"让孩子知道，如果要减少开支，会从父母的个人开支开始，例如少买件衣服；或从家庭开支入手，例如每天少开两小时空调，以减少电费支出；若还不够，便减少孩子的课外学习，例如由一星期上两堂游泳班减至一堂。

以上做法可让孩子知道，父母是把他们放在首位，愿意作出牺牲（孩子感激与否就看个人造化了），同时孩子也要在需要时配合父母，不要为减少了买玩具和电玩游戏而哭闹！

Don'ts：

1. 切勿作坏榜样。如果父母自己胡乱消费，同一款式的衣服都买几件不同颜色的，试问孩子又怎能养成“应买才买”的习惯呢？如果父母与子女外出吃饭，用餐环境稍差的就不吃，试问子女又如何养成“好就吃，不好也吃”的习惯呢？

2. 切勿以金钱弥补缺失的亲情。事业型的父母或离了婚而与孩子不同住的一方，很多时候会送金钱或贵重礼物给孩子，希望弥补对他们的关爱不足，同时减少自己的内疚感。这样做基本上达不到目标，因为孩子心底里宁愿与父母多相处，即使顽皮被责骂，也会感到开心的！

3. 切勿以金钱做诱因。有些父母叫子女做家务，会以金钱来鼓励或推动。这种做法有危险，如果缺乏诱因，例如不再给予金钱，或子女长大了，觉得钱不够多，那么他们便不会再帮手。我们要让孩子知道家庭是大家拥有的，参与家务是负责任的表现。难道父母做家务也要收取工资吗？

将金钱与作为家庭成员一分子的责任混淆，对孩子长大后的价值观有很坏的影响，他们会变得唯利是图、见钱眼开，不要说见义勇为，可能连打电话叫救护车也不愿意做。

储蓄
投资
支出

10 儿童理财三个阶段

成年人的理财观念已根深蒂固了，有人喜欢进取冒险的投资带来的刺激和满足感，也有人喜欢银行存款带来的稳妥，要说服他们采取中庸之道的投资理财方法，真的非常困难。相反，当孩子年纪还小时，对理财的认识仍是一张白纸，尽早将适当的投资理财理念灌输给他们，使他们建立一套正确的金钱观念，对他们长大后的财务状况肯定有莫大益处，可以拥有一个健康的财务人生，虽然不会人人成为有钱人，但也会感到满足。

第一阶段：七岁以下（上小学前）

由于孩子年纪尚小，受到朋辈的影响很小，因此他们会从父母的消费行为中学习。所以，父母可以给孩子一些零用钱，让他们存起来，适当时候捐一点给慈善机构。如果孩子开始对物质有要求，要买东西，可以让他们从中拿一部分钱去买。

此阶段的理财教育不用太过深入，只需灌输“不要有多少用多少”就可以了。不要用“量入为出”这样艰深的词语，因为他们未必懂。灌输正确的理财观念就可以了。

第二阶段：七岁至十二岁（小学阶段）

可以开始引导孩子定出他们认为合理的零用钱数目。当得出一个合理并可行的数目（根据家庭收入及孩子的成熟度而定）后，便可以交给他们处理。开始时可全数交给他们（例如每月给400元），除非觉得他们大手大脚，第一天便花光，或将零用钱全买一样东西。如果出现以上行为，便要了解一下，考虑是否改为每周给100元，观察他们的消费习惯能否改变。

我们告诉孩子，他们可以全权处理那些零用钱，只要事前知会我们便可以了，要养成对自己负责任的习惯，对他们将来理财有很大的帮助。

第三阶段：十二岁以上（中学阶段）

以下理财方法可用在第二和第三阶段，根据孩子对理财的理解程度和自身的成熟度加以应用，尤其是前两项。

1. 早些开始惯性储蓄，进行适当的投资。

有些孩子在八九岁已懂得投资了，可能是本身聪颖或是受家庭影响。要投资就先要储蓄，越早开始储蓄及有惯性地储蓄，越有利。

不知你是否遇过亲友来借钱做小生意，你会借给他们吗？我不会，因为借钱的人正在做不劳而获的事，他们怎能将其他人辛苦赚来（储蓄）的钱当作赌注，因为做生意毕竟有风险。要投资最好靠自己，也可以向银行贷款。

2. 一个人的财富多少不是用赚到多少钱来衡量，而是用剩余多少钱。

孩子可能会问："我的零用钱这么少，而某某的零用钱比我多一倍,他的父亲只是普通文员。"遇到这些问题,父母可以告诉孩子："第一，你是我的儿子，不能互相比较。第二，你的零用钱是百分百作零用，其他所有开支包括日常个人支出都由父母负责。"

"零用钱多少，不能用来衡量一个人富有或贫穷，不要因为比别人少便觉羞耻，即使加多了，但如果有另一个同学的零用钱更多，那怎么办？我们不应该追求每件事情都要比别人强。每个人都有他的特殊情况，不给同样的零用钱不代表不爱你。相反，给你现在的数目，是考虑到你的需要，是最实际和合理的。如果为了买想要的东西要增加零用钱，那么可以通过其他方法达到，例如由父母资助一部分。"

我们还应告诉孩子，如果一个小朋友有100元零用钱，只用了50元，存起来50元，比起有500元零用钱而全部用尽的小朋友，

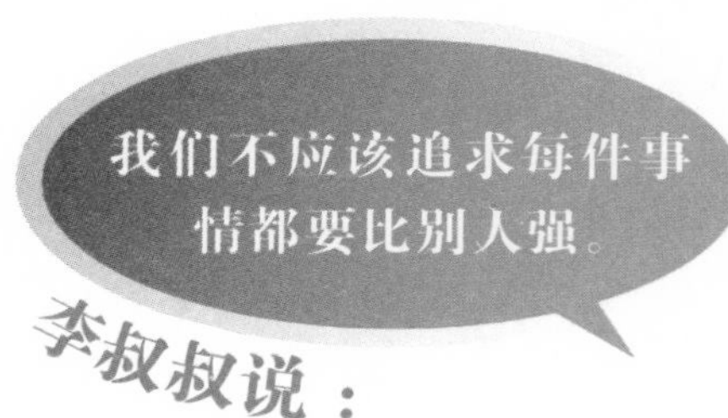

他其实更富有。这使得孩子长大后不会处处与人比较，只要他自己赚到，又有余钱，即使没有攒非常多钱，也会觉得满足、开心。价值观应从小培养，而不是在长大了才灌输的。

3. 教孩子做简单的收支预算表。

这么做的好处是让他们了解自己的收入与支出，特别是支出。列出来可让他们清晰地知道，到底哪项支出是必要或非必要的，如果支出超过收入，那么哪一项是可以减少的。不列出每项支出的话，钱用在哪里也不知道。在支出那项，要加上储蓄，数目多少由孩子决定，这样整个预算表就完成了。

同时，要让孩子知道他们要对自己的收入和支出负责，如果超支了，父母不会额外多给零用钱，让他们知道资源有限的基本道理，也让他们分清楚必要及非必要，方便进行取舍。

教孩子对自己的财政负责

当然，有时也可以有弹性。例如：

1. 急需用钱：若孩子很想买一件玩具或文具，而真的不能“等”，

那么父母可先借出下个月（或下周）的零用钱，但记住要他们还。这个月用多了，下个月要减少消费。这种做法是让他们知道透支了未来的钱，未来的支出就必定要减少，这是有代价的。

2. 投资：十一二岁的孩子可能从电视、媒体或父母处知道投资的事情，如果孩子懂得向父母借钱去买入一只股票（当然是大价股）或者是买入黄金，那么可以借钱给他们。在借钱的同时，要清楚地告诉他们投资的风险，以及要问清楚他们自己的看法。顺便也要教他们将来长大不要胡乱借钱，例如借钱还信用卡债就很不明智，应该要预期借来的钱能够带来利润，才能去做。用钱生钱，而非借钱去消费。

总体来说，应该教导十一二岁的孩子为自己的财政状况负责。

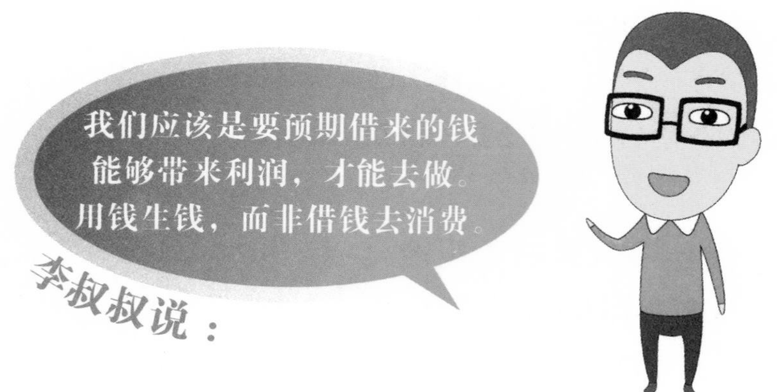

BOX

儿童收支表

支出	金额（元）	收入	金额（元）
零　食			
漫画书			
游戏中心			
游戏机			
小饰物			
玩　具			
盈余 / 亏损		（元）	

11 不做钱的奴隶

我们应该教孩子不要成为钱的奴隶，而要驾驭它、利用它，好让生活过得更有意义。有些人永远受金钱的束缚，因为他们没有储蓄及投资的习惯。好像每天刷牙一样，养成此习惯后起码对牙齿健康有保障。

同样，养成储蓄及投资的习惯非常重要，否则我们不用等到退休，可能四五十岁时便会发觉，为什么自己的财富完全没有累积，怎么能仅靠退休金生活？更甚者在中年时就下岗。有储蓄有“弹药”，总比大手大脚的“月光族”好得多，起码人会踏实一些，不用为工作不稳定而担心。

★做主人还是奴隶，自己选择：我们的人生（理财人生）由我们自己（从儿童时期开始）来选择，要想在个人财务上获得自由，应尽早储蓄、投资。个人财务上的失败者很多是无储蓄，无投资的。

对金钱应有正面的观念

★钱是工具：金钱可以让我们支付生活必需的开支，甚至一些奢华的享受，或者是对社会公益事业的贡献，所以对金钱有正面的观念是重要的，不能把金钱看得邪恶。有些成年人认为，除了打工的收入外，其余金钱的来源，包括投资都是罪恶的。这种对金钱观念持负面的思想和态度，是人们不去正面面对金钱的原因。

我们要怀着正确的金钱观，积极去赚取合法、合理的收益，并通过储蓄和投资来保持财富增长，这样才不会像对金钱持负面思想和态度的人一样，潜意识上已为自己的理财埋下败笔，因为他们的脑子里每天都说钱是罪恶，要避而远之。

BOX

有闲钱，多帮人

教导孩子如果他们有闲钱，要多帮助有需要的人，一方面可以培养他们的爱心，另一方面也可引导他们理解金钱的意义。再者他们也会更有动力去赚钱，变得更有责任感，帮人也其实在帮自己。事实上，富有的人捐出金钱帮助有需要的人，比政府所支出的更多。

12 要“理”才有“财”

与中学同学聚会，我提到正在写一本亲子理财书时，有同学说：“我们该怎么理财？收入绝大部分用作家庭开支、子女教育、旅游等，种种支出已刚好和收入相等，哪有闲钱来理财？有财（余钱）才有得理啊！”

说此话的是一位在私人银行做资产管理工作的同学，他负责为客户提出投资建议。连专业人士也有这样的问题，可想而知，很多人应该也有同感。

我强调一点，理财并不是一定要有多余的钱才去做，收支平衡或入不敷出时也应该去做，后者更需要理财，因为减少非必要和惯性的开支，才能令我们的收支表健康起来。

要“理”才有“财”，不要说“等我有了十万元或一百万元才去理财”！我们要从开始接触金钱就要学习——儿时父母供给、工作后赚取工资收入、生意收入……只要有收入

就要理，不只理财，更要理债。

我认为，35 岁还没有做好理财计划，老年生活难免失去自由。

13 理“债”同样重要

事实上，朋友在私人银行工作，月入十万港元以上，从他口中我知道，他要养车、供孩子上国际学校、经常旅行，又刚换了更大的房子……这些事没有一样是不对的，尽责教育儿女，追求更舒适的居所。但是他的太太负责照顾子女，没有收入，他是家庭唯一的收入支柱，倘若花钱不加节制，一旦他的工作不稳定，甚至被裁员，那怎么办？

难道要大屋搬小屋，由国际学校转向政府津贴学校，卖车……追求高生活水平是应该的，但是过分或过急的话，往往弄得自己筋疲力尽，当经济转差时，压力骤增，对自己和家人未必是好事。

作为父母如果没有理财的习惯，一发奖金或涨了工资就花掉来奖励自己，试问孩子看到，又如何会学到“应用则用”的道理？有人预期未来（例如三个月后）会收到奖金，便去预订一部新车、买一块限量版手表或包……“未来的钱现在用”的做法，其实是属于负债的消费方法。

说到底，还是要量入为出，理财同时要理债。

14 控制消费欲望

前文提过，我们除了理财，理债其实更重要，而负债项除了因为生意失败，很多情况是因为我们不能控制自己的购物欲望，或掉进了一些消费陷阱。

消费陷阱可能是“大减价”“买二送一”“限量版”“限量供应”“试用券”“免息分期”等种种优惠，吸引我们消费，结果买了一些用不着、用十年也用不完或功能相似的东西，买回来后就后悔，但下次还是会重蹈覆辙。

我们很多时候买东西，根本不会考虑是否有实用价值，只是要它的名牌效应。如果真的有钱还不要紧，但很多人节衣缩食也要买奢侈消费品，否则做人便可能失去信心、失去斗志，所以宁可啃一年面包来满足这些“不可或缺”的心理支持。

我们应该脚踏实地，存的钱应优先花在重要的项目上，如结婚、买房首付，而不是那些奢侈消费品，日渐贬值，同时也会

令人产生无穷的欲望，阻碍理财的步伐，贻害一生！

所以，要有健康的理财习惯，先要戒除非理性的消费行为，控制消费情绪，摒除怕亏心理，思考商品是真的需要还是只是感觉想买。

15 富人不用理财？

当我们刚开始工作时，没有积蓄，就说没钱可投资，不用理财。当工作一段时间后，有了一点积蓄，但只有几万元，又说钱不多，不用理财。当经济条件进一步好转，存了几十万元，又说还没有几百上千万元，做不成私人银行的大户，不用理财。到真的有了数千万元，便认为有这么多钱了，怎么花都够用了，不用理财了。

我们都知道，无论多富有的人，如果不坚守“量入为出”的原则，不控制开支的话，总会出现财务赤字的一天。我见过不少有过亿身家的上市公司 CEO（首席执行官）、大股东，由于豪赌或投资过于激进，最终把公司输掉了，更甚者为了“填数”而犯法以致锒铛入狱。

金钱买不到心理富足

我见过很多这类例子，不少成功人士最终惨淡收场，令人惋惜。归根结底，很多人疯狂地消费是因为缺乏安全感，想得到别人认同，叫人注意罢了。如果拥有一件限量版或极奢华的东西，而此东西的价值与个人收入不符，那么除了得到别人在自己面前的一句赞赏如“你很有眼光，有品位”之外，是否会有其他背后的议论就自己想想好了。

这种以花钱买心理富足的心态绝不可行。要受别人尊重，不如用钱去做一些有意义的事，或者去帮助身边有需要的人！更可悲的是，有些人故意在比他收入、职位或社会地位低的人面前趾高气昂，这种踩着别人、抬高自己的行为，只是自欺欺人而已。

控制开支是每个人都要做的，倘若我们连自己的“荷包”都管不住，哪有能力经营一个家庭、机构，甚至政府？

BOX

控制开支

控制开支是每个人都要做的，倘若我们连自己的“荷包”都管不住，哪有能力经营一个家庭、机构，甚至政府？

16 收支表——理财小贴士

在写本书的初稿时，我并没有打算做一些财务表格让读者参考。经朋友提议，看来加一些如收支表是好的。

前面提到不先理债，其后果可能比不理财更严重。而理债应从戒除或减少非必要支出开始。我将非必要支出定义为：方便生活，但没有它也可以生活，不会太影响生活质量。

非必要支出如下：

★游艇（每月 1.3 万元的基本支出，具体根据船只大小及加入哪个艇会，以及泊位和专人打点的费用而定）。

★私家车，每月开私家车比乘出租车多 60% 的开支，而且私家车的贬值速度比游艇或帆船更快！

★打游戏机、打麻将、赌马、赌球、饮酒……这些活动并非有问题，问题是当我们过于沉溺其中，它们便变成“邪恶”的休闲活动了。

另一方面，有些支出是不能俭省的，否则会导致生活质量下降。这些必要支出如下：

★房子月供及相关开支。

★衣、食、交通。

★正常娱乐。

★子女教育。

BOX

收入 / 支出表

支出	金额（元）	收入	金额（元）
必要		工作：（固定）	
房子月供 / 租金		（非固定）	
交通		利息：银行储蓄	
娱乐		债券	
子女教育		股息：股票	
非必要		其他：房屋租金	
总支出		总收入	
盈余 / 亏损		（元）	

17 建立正确的价值观

很多人认为，送孩子去学理财课程，就是要知道谁是股神巴菲特，谁是金融大亨，甚至八岁就去参观银行、证券公司。孩子讲得出什么是市盈率，近期黄金是升是跌，这样才会令父母感到骄傲。又或者十岁的孩子“拣”中了一只股票叫父母买，几日内赚了50%，父母便觉得理财课程值得上。

赚了钱当然好，但我的看法是，有时可以先赔钱，这样才会知道原来投资是有赔钱的可能性。我认为，培养孩子的金钱观（价值观）及投资耐性，比偶然一次的“独到眼光”更重要。最令人担心的是，一开始顺风顺水，就会逐渐忘记实际情况、风险、事前准备，以及可能挫败的现实，那么孩子日后的挫败感会更大，付出的代价也比想象的更大。

在报纸上，我们经常会看到一些报道，有的孩子为了图一时之快在超市或便利店偷东西，也有的为了每天赚几十元而去卖盗版CD（光盘），还有帮低年级的同学做功课而赚取金钱，更有初中女生出卖身体赚取金钱……

以上种种，部分是由于孩子尚小，受不了诱惑。曾经有一篇报道提到一个中学生成绩优异，被数名同学邀请代做功课，以金钱作酬劳。那位同学认为没有问题，因为他是付出自己的脑力和时间，有付出而有收获是应该的。同样地，他的母亲也不觉得有问题，因为她的孩子聪明又勤劳，肯帮人，所以收钱是应该的。

明白事理的人都知道，这种做法是错的，这是欺骗行为，对学校、老师、同学及自己都不好。为了赚钱而出卖诚信的人，恐怕他日在社会工作，受到利益诱惑便会放胆一搏，做违法的事以至锒铛入狱！我见过不少公司老板和做基础销售工作的人，往往为了赚快钱而铤而走险，有些甚至因违法被捕入狱。

18 先储蓄，后支出

我记得巴菲特说过一些警言，与大家分享一下。

Spending : If you buy things you don't need, you'll soon sell things you need.（支出：如果我们买了一些根本不需要的东西，最后要付出代价，变卖自己真正需要的东西来偿还债务。）

我认为，有投资经验的人都会记起曾经试过随便去买一只消息股，结果要放一只长线的、值得持有的有潜力公司股票来填数，值得吗？

Don't save what is left after spending; Spend what is left after saving.（正确的储蓄方法，是应该先把挣到的钱存一部分，再去消费，而非用剩后才储蓄。）

我认为，从小教导孩子区别必要和非必要非常重要，因为这会影响他们将来的财务规划。另外，明白平衡收入与支出（量入为出），是个人健康理财的第一步。

长大之后，写下理财目标和时间安排，是财务规划成功的做法。

只要其中一项少做，为了享乐而过度消费、没有足够的储蓄，甚至超支，后果将可能如下：

★债台高筑。

★为付利息而打工。

★生活水平下降。

★延迟退休。

如果我们明白资金流动和净资产的定义（孩子更需要早些明白），就知道一日未还清房子的贷款，房子就不完全属于我们。

我认为拥有理财知识，对我们和下一代一定有帮助，除了增加储蓄有助经济长远稳定发展外（可参见美国过去接近零储蓄率而衍生的问题），也能解决很多因财困衍生的社会问题。

19 应增设理财课程

香港的学校什么都教，基础教育、唱歌、跳舞，甚至是请外籍老师教授话剧，但唯独没教学生如何管理财富、管理自己的人生。

小学有常识课，甚至性教育；中学有经济学、会计学，也有管理学，但每科都是独立教学，互相没有联系，如果能够融合起来便可以成为一门财富管理学。

我强调，"要保护，非管理"，因为金融市场动荡难测。理财重要，保护财富更加重要，这是一门与每个人息息相关的必修课程。

这种课程是否需要很高深的知识？

不用，只要切合时势，利用现实例子教导就可以了。

老师也是投资者，也有着一般投资者的心态，基于一般老师们的心态，对汇控这类有息收又较稳定的股票，特别钟情。

但自 2008 年年中起，这些本应是相当稳定的股票，却变成了投资陷阱，如果大半身家都放在某一只股票上，即使是汇控（0005.HK），投资者的积蓄也会在五个月间（2008 年 10 月至 2009 年 3 月）蒸发七成半（由 115 港元跌至 30 余港元），这凸显了分散投资的重要性。说到分散，倘若打算投资港股，那么盈富基金（2800.HK）就最适合不过了。

如果要老师教导学生如何保护财富，可能老师自己都想问。

理财课程有必要被纳入中、小学课程，否则，当我们的下一代长大后，不能保护自己的财富，养老只有靠政府。

为何在中、小学会教孩子如何保护自己，免被性侵犯，却没有教导孩子如何理财，免被金钱过度困扰，影响一生呢？

20 忽视理财教育的后果

有观点称，美国的金融危机固然破坏力大，但更令人忧虑的是美国人的消费危机。有人认为，美国人没有储蓄的习惯（金融海啸后由 0% 储蓄上升至 5%），这是因为学校没有理财课程，只有不到 10% 的学生接触过理财相关的知识。

不懂理财的后果有时会很严重，很多在校大学生，已欠下巨额的信用卡债务；很多刚毕业的学生，因无力偿还学生贷款而申请破产，破产人数持续上升。

年轻人没有机会真正实践抱负，未拼搏过，便利用法律保护网"卡数一笔清"——"你看我多厉害，一读完书，透支了信用卡，申请破产就搞定了，重新做一条好汉！"虽然看似解决了难题，但曾经申请破产的影响可能跟随你一生，不论对申请工作、与银行的业务往来，还是对个人品格及声誉都有不同程度的影响。

小心超支

很多人仍然分不清"有多少用多少"和"先使未来钱"的分别。

前者可能是有 100 元在口袋里，最多是用完这100元，这种消费最大的问题是没有储蓄，但起码不超支，不负债。

后者可能是拿着一张有3万元额度的信用卡（比收入多3倍），全部消费，或者即使是消费了1万零1元，也是透支1元。不论公司还是个人，超支都是一件非常危险的事，因为没有钱还，公司周转可能出现问题，导致清盘；个人也会因为其他意料之外的支出，变成双重负担，最终负债累累。

透支往往是债务缠身的开始，最好的解决方法是取消所有信用卡（一张也不留），身上有多少就用多少。

简单一点说，理财的第一点是不能“吃了上顿没下顿”，除了收入稳定以糊口外，其余的即使赚数千元，也要通过买一份月供三四百元的保险，或零存整取，或给父母，有很多父母会在你结婚时，补贴酒席，哈哈！

21 理财不善的后果

一个人理财不善会导致信用破产，一个企业财务管理不善会导致公司倒闭，一个国家收支不平衡会使国力下滑、人民生活痛苦。

在二十世纪八九十年代前，阿根廷曾风光一时，国民生产总值曾达到美国的1/3，人民生活富有，政府开支充裕。但在过度扩充下，政府的支出远远多于收入（支出 > 税收），在1989年经济问题开始浮现。

阿根廷的通货膨胀率飙升，以每个月10%的速度增长，其货币兑美元的汇率短时间内下跌了大半！一周内一杯咖啡的价格便上升了50%！一头牛的价格相当于三双鞋的价格！当时的农民辛苦耕作，但连一件衣服也买不起！当年的通货膨胀率是12 000%，对依赖退休金生活或是固定收入的人如公务员，打击甚大。

我写这段历史是要指出，不论个人、企业还是国家，如果理财不善，不好好恪守“量入为出”的原则，便会走到万劫不复的地步。为了贪图一时之快或满足不切实际的欲望而导致收支不平衡，是非常愚昧和不负责任的行为。

22 态度决定财富

谋事在人，成事在天。很多人觉得钱不够，挣得不多，连投资也是赔钱收场……都是上天注定，不必努力，有得花就花，不必储蓄和投资。

仔细一想，他们是否真正努力过？别人从上午九点工作到晚上八点，而他们是否嚷嚷着要六点准时下班，甚至觉得六点半已经很晚了？作为证券公司工作人员，他们是否在股市开盘时才到公司，没有搜集任何数据而给客户提供参考意见？他们是否在办公时间休闲娱乐……

在投资方面，他们是否抱投机心态，见大市形势好就拣升幅最大（两天涨 50%）的股票来买，却不考虑短期升 50% 也可以跌 50% 或更多。他们根本是自欺欺人，用赌博心态来投资。碰了几次钉子后，便认定投资令财富增值是骗人的，于是便想着不投资，不储蓄，有多少花多少。

失去财务自由

不储蓄的后果很严重，老了可能失去财务自由。幸运者有子女供养，但不要奢望，这概率可能不到 1%；又或者接受政府援助。如果真是因为健康或工作能力问题提早退休，“吃政府”无可厚非，但若从年轻开始便抱“不用储蓄，老了有政府养”这种想法便很有问题。因为这会令人变得消极、不进取，也不负责任。本来可以靠自己养活自己，却变成要和真正有需要的人争夺有限的社会资源，更可惜的是没有让自己的潜能发挥。

态度决定一切，个人也好，民族也好，国家也好，一些因素会决定其贫或富。以下八个因素，我认为是最重要的。

★道德／人格。

★责任心。

★尊重他人。

★敬业乐业。

★爱心。

★意志力。

★诚信。

★储蓄／投资。

良好及正确的态度，决定人的贫或富。

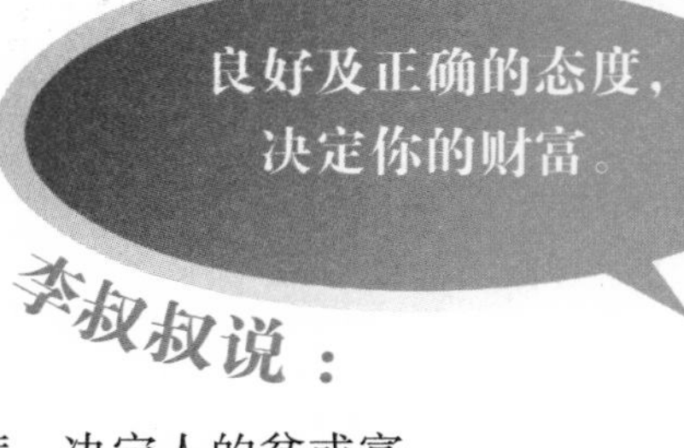

第三章

父母与孩子的关系是要建立的，
还要刻意地去建立。
我能够夸口的是，从儿子出生到现在，
我都把他们“从头照顾到尾”，
即包办他们的头——剪头发，
打理他们的尾——剪手指甲和脚指甲。

第三章
爸爸心底话

01 爸爸知多少

如果作文课要写“我的母亲”或“我的父亲”，相信多数孩子会选择“我的母亲”，可能因为孩子一般与母亲较为亲近，母亲也较少扮演恶人的角色，这只是我的感觉。

无论如何，我不希望当老师出题目为“我的父亲”的作文时，我的孩子不知道怎样下笔、怎样形容与父亲的关系、对父亲的认识有多少。

我不想孩子对我不了解，父子间连见面、聊天的时间也不多。我不是希望孩子写父亲如何疼他们（或他们疼父亲），但起码能写出父亲对他们做过的事。

即使我很少坐在旁边与他们一起做功课、复习，但也会随时了解他们的成绩是进步还是退步，孩子们对我有什么意见（例如陪伴不够，或太少回家吃饭），这都是我跟太太了解得来的。

我希望和两个儿子关系良好，有玩有笑，让他们感受到爸爸的关怀。

我们在一起吃饭的时候，会谈天说地，多说笑话，减少说教。我在家的日子，大家可以多多交流沟通。但有时因为功课太多，把每个人都要逼疯了，令沟通时间减少，亲子生活质量也下降。

即使我有空，但因为孩子要复习，准备测验、考试，未必可以安排去海滩或去郊外玩……无论如何，我也在时间有限的情况下，与太太商量，安排一些亲子活动，特别是我与孩子的互动。

很感谢大儿子，学会了自己复习、做功课，减少了妈妈的负担。

BOX

飞机上写作

这本书有大半是在飞机上完成的。我在 2009 年下半年经常外出公干，想起李焯芬教授的话，他正是利用坐飞机的时间写书的，于是我向他学习在飞机上写作，效率真的不错！

02 由头照顾到尾

当你读这本书时，看似是我这个做父亲的，负全责照顾两个孩子，太太没尽职。当然不是！只是我取巧罢了。

但我能够夸口的是，自儿子们出生到现在，我都把他们“由头照顾到尾”，即包办他们的头——剪头发，打理他们的尾——剪手指甲和脚指甲。

自他们几个月起，我就用一把电动剪发器，设定3毫米的长度（不用担心剪得一边长一边短），然后绕头一周，那样即使闭上眼睛，都可以剪出一个清爽的发型了。虽然偶尔两只“小猴子”会坐不定，令人烦躁，但总的来说是一件乐事，特别是当完成后，孩子的发型

和我一样，三个人可以一起拍广告，哈哈！

另外，从孩子出生到现在，我也照顾他们的手脚卫生——剪手指甲和脚指甲。我太太和在我家工作了近十年的保姆也不会给他们剪，有时指甲长得很长了，也要等我来“操刀”，这事真令人摸不着头脑。

这两件事情是我能够坚持的，不知是否算一个称职的父亲呢！

由于工作关系，孩子日常的功课都是由太太指导的。有时候我偶尔参与，但由于性格太急，言语上容易伤害了孩子，倒不如少参与。幸好太太没有责怪我不负责任。除功课外，在教导孩子对人、对事的态度时，我参与度相当高，因为我认为做好人比读好书更重要。

BOX

少谈太太

相信有读者会问：“为何这本书很少谈到太太？”当然了，这本书是亲子理财，况且太太不太愿出“镜”、出“名”，尊重她，也就少提她一点。

03 千金难买

我非常喜欢按摩，从按摩、推拿到水疗，无不欢迎，就当是一种懒人保健运动，轻松减压也好。

近日在上海，两个孩子为我按摩，相当享受。等了十年，终于有回报了！

小儿子简直是天生按摩师，使我身心舒畅。大儿子技术稍差，但他用心去做，令我甜在心头。双人按摩，独一无二，简直是至高享受。

随着年纪增长，儿子们越来越懂事了。大儿子像个小大人一样，知道教导弟弟，照顾妈妈，我很欣慰。更让我开心的是，他一方面懂得思考，建立责任心；另一方面保持童真，偶尔还会跟弟弟玩儿童游戏，甚至滑梯。我的朋友也问："他只有十二岁吗？真的十分懂事啊！"有此儿子，夫复何求！

太太和儿子们去了上海几个月了，虽然我平均每隔三周就去上海待三天左右，但很难说是否足够。开始时还有些担心，是否会跟他们的感情疏远，但事实并非如此。相反，由于我们每隔一两天就通电话，每次电话都会说"我爱你"，依依不舍，不愿挂电话。见面时，我更愿意花心机去建立有质量的亲子活动，例如郊游一整天或逛博物馆等。晚上我们一起在床上讲故事、笑话（其中渗入生活哲理，我是改不了），四人轮流按摩。

四人按摩是我们自创的游戏。四人背对背坐在床上，一人发号施令，统一按摩手法。不知不觉玩了近一小时，大家都觉得好玩，每个人都有被服务的机会，也有服务别人的机会。坦白说，当被孩子的小手按摩时，真是天下一大乐事，千金难买，做牛做马也愿意了！

04 爱要表达

父母与孩子的关系不仅需要建立，还要刻意地去维系和提升。因为孩子还小，即使说你很爱他，他能感受到，但怎样爱，他却不知道。

例如我说，“爸爸近来工作比较忙，但无论如何也会分配时间，到上海探望你们。”这做法不是刻意去讨好任何人，只是希望让孩子知道我们这样做的原因。

1. 有责任——既然安排他们到上海读书，当然要抽空探望，无论怎么忙碌都不是借口。

2. 权衡轻重——爸爸有很多理由不来上海，例如太忙、太累……但这样做是不分轻重，是不对的。将本来安排返回香港的时间由下午四点改为八点三十分，目的是在一起久一点，虽然要在凌晨一点才能到家，辛苦，但值得！

这样做也很有好处。

1. 让孩子知道我们是爱他的——安排工作后，首要是腾出时间给孩子，放下个人私事、兴趣（打高尔夫球）等，孩子会知道我们是爱他们的。

2. 让孩子了解什么是责任——等他们长大后，虽然离开了父母，但在父母生日，或需要他们帮忙或照顾的时候，也会想起父母当年为他们付出的心力，他们自会权衡轻重，抽空探望父母。

树立榜样，培养责任

我认为反复地表达爱意是必要的，因为很多孩子是要多听几次才入脑。另外，要和孩子分享你的工作、情绪、困扰、开心与不开心，这样做的好处是除了互相了解、增进感情外，也可像一面镜子般潜移默化地教导他们学习表达自己的感受、学习表达的技巧等，这样做比送他们去一些收费高昂的演讲训练课程更好。(我对这些课程没有偏见，有需要也会让孩子参加。)

05 育儿辛苦也感恩

我绝不认同父母在孩子面前天天诉说养育他们很辛苦，多么含辛茹苦，叫他们将来一定要回报。这种说法在上一代有用，但现代的孩子已不听这一套了。我们要让孩子明白，养育他们是父母的天职，我们不会抱怨，反而会欣然接受及感恩，感谢上天给予我们有孩子的福分。同样地，孩子也应怀着感恩的心，配合父母的教诲，理解父母愿意牺牲很多睡眠、娱乐时间，减少消费，所做的一切都是为他们好。

记得大儿子在三四个月大时，我们突然发觉他的粪便变成黑色，由于他只吃母乳，没有吃其他杂粮，我们的经验是不管成年人或是小孩，粪便黑色很可能与内出血有关。我们当时担心得要命，赶忙送他到医院。

医生建议在未验出任何问题前，最好先在手背插入一支针管，

因为幼儿如果出问题，可能会出现抽筋等情况，血管一收缩，便很难找到静脉血管，到时如果要吃药、喂食营养素等就很困难了。

当看着医生在儿子的小手背插入针管的那一刻，我真是心如刀割，很渴望痛的是我。看到儿子大哭，小手包着纱布，真替他可怜。

幸好在两天后，医生查出是母亲的乳头破损，孩子吃母乳时连血吞下，所以粪便呈黑色。

那一刻心里的大石头才落了地，比任何开心的事更让我们开心。

06 问安

孩子在上海上学，每天早上六点五十五分下楼，乘七点的校车上课。我特意早起些，给他们打电话跟他们说早安。我特意高声说："早安！"大儿子和小儿子的反应很不一样。大儿子听了之后说："早安。"语气很平淡，我跟他说希望他在学校里有开心的一天，他的回答是："谁知道！"

哈哈，真被他气坏了，就当是十二岁的孩子开始进入"青少年阶段的叛逆期"吧！

至于小儿子，他的反应是很开心，响应也很爽朗，跟他说有一个开心的一天，他说好。（无论如何，我是开心地跟他们说话。）我从前很少跟他们这样说早安，难道不是应该由他们先问早安吗？时代不同了，生活的节奏也快了，赶上学、赶功课、赶课外活动等都够忙了，哪像从前的富贵人家只是每月去收一次租，其余时间无所事事！

晚上，他们会主动说过"晚安"才睡觉，但早上一般我比他们起得晚，所以也很难让他们每天先问早安。

主动跟孩子说早安或晚安，对亲子关系肯定有帮助，再加上拥抱就更好了。

我读过一本《儿童爱之语》(*The Five Love Languages of Children*)，它是一本很值得阅读的亲子书。作者认为，不同的孩子有不同的爱的需要，有些孩子对物质需求大一些，所以送礼物给他，他会感到强烈地被爱；另一些孩子喜欢被称赞，所以一句赞美的话可抵万金；也有些孩子喜欢被拥抱，这样他会感到被爱和幸福。书中一共提出了五种爱的表达方式。只要人们细心观察，便可找出开启爱的钥匙，以多种爱的言语、行动来表达。

07 给兄弟制造机会

朋友、夫妻感情要培养，兄弟姐妹也如此。

每次和孩子游泳，我们会一起玩，在水深及腰的水池泼水、捉人……由于放假，大家可以放松地尽情玩。大儿子觉得弟弟不好玩，要求我加入，但我知道当我加入后，差不多等于我和他玩，弟弟会被冷落。所以，我叫他俩先玩十分钟，然后我才加入。结果两兄弟玩了半小时，玩得开心，这样对增进他们的感情也有帮助。当然感情是要一点一滴积累，但父母做适当的安排有时是必要的。

为孩子多制造机会，是很重要的。

我们在孩子六七岁时，刻意安排他们睡在同一房间，让他们多沟通。两人睡前天南地北地聊，这也是简单而有效地增进兄弟感情的方法。

有时候，由于聊得久了，我们会刻意地说："够了，这么晚了，要睡了。"孩子会觉得原来聊天的时间也很"珍贵"，更加珍惜两人相处的时间。

即使家里有足够的房间，也不应该让他们分开睡。我们那一代人，一家七八口住在三四十平方米的单位宿舍里，三个人共享一个房间，感情不是很好吗？"同房"只适合兄弟或姐妹，如果女儿（特别是在八九岁以后）提出不想跟弟弟共享一间房，当然要尊重她的意见。

另外,“同房”也不适合孩子与父母,在六岁以后就不适合了。孩子应养成独立睡在一个房间的习惯，如果家里环境不许可，则当别论。如果孩子因为做噩梦、打雷而害怕，我们的房门是会开着的，这是最佳的“亲子时间”，也可发挥父母保护的重要角色。如果我们墨守成规，坚持不让孩子进房间一步，难道让他们去找警察叔叔“救命”吗?

08 怀善念

儿子间有争执在所难免，大部分时间都各有各的道理，有理也说不清。除非是有危险或到了不可收拾的地步，否则我们也会“充耳不闻”，让他们自己解决。如果发觉他们其中一个做得太过分，或者不为对方着想，我们在他们冷静下来后，会跟他解释，不过离不开兄弟和睦、相亲相爱的说教。很多时候如果加一些故事元素，孩子们会听得更入耳，效果更好。

记得看过一个故事，讲的是关于设身处地为他人着想，做事效果可以很不一样，帮人也帮自己。

故事里，一户全村最穷的人家，父亲带着孩子在半夜去别人的田地里偷菜。当要离开时，几岁大的孩子对父亲说：“爸爸，有人在看着我们。”父亲大吃一惊，扔掉手里的蔬菜，却看不到任何人。孩子告诉他，是月亮在看着。父亲感到很内疚，转而向孩子承认偷东西是不对的，最后空着手离开了。

倘若没有孩子的提醒，父亲会被当场逮住，因为菜园主人正等着捉他们。

当父亲带着孩子离开后，菜园主人想，为何我一定要逮住他们呢，捉了父亲去坐牢，就代表是最好的惩罚吗？他们为什么要偷窃呢？有没有更好的解决方法呢？

主人辗转反侧一夜，第二天叫那父亲来，跟他说："你可否帮我收割蔬菜？"当然会付给他工钱。有了工作，贫穷的父亲不用再去偷菜，孩子也有了尊严，不用跟着父亲做不义的事。

菜园主人做了一件双赢的事，他不用再担心有人来偷菜，不采用"置人于死地"的方法，解决了问题。

我们将这个故事告诉孩子，他们当时未必会理解，更不用说可以做到，但起码让他们知道，原来解决问题的方法有很多种，可以不伤害人，又帮到自己，做到得饶人处且饶人，就更好了。

09 亲情延续

我经常告诉两个孩子，他们两兄弟，要永远互相照顾、爱护对方，包括将来彼此的家人，亲情是无价的。

我认为人生价值不是在于赚多少钱或比别人优胜，而是在于关怀别人，在他们需要时，在能力范围内伸出援手（借钱做生意免问，因为没钱便不要做生意，每个人的钱都是辛苦赚来的）。对家人、亲戚、朋友，及社会肩负一定的责任，这样做人才有意义。

我两个儿子去过的地方不多，只去了两三个内地城市，其余都是去澳大利亚。每逢暑假或圣诞长假，我们也一起回墨尔本，因为三个叔叔在那边安家。我们希望孩子多跟堂姐妹、兄弟接触，建立感情，实在不愿看到他们将来长大了，彼此不熟络，只是打个招呼，像点头朋友一般。

没有亲情或对亲情不看重的人，我觉得很可惜也很可悲，难道金钱才是最重要的吗？难道工作最成功、赚钱最多的人，才是最杰出的人，就可以在家族中高人一等吗？赚钱多但忽略亲情，实是不智。

10 正面教育

大儿子很多时候以大哥自居，他比弟弟守纪律得多，所以很多时候当弟弟“不守信用”或做事慢的时候，喜欢以“做得太慢”“你讲大话”等字句指责。每当我听到时，也会教导他如果可以改用带有正能量的字句，例如“快点啦”“要诚实”，这样便更能激发弟弟的潜能，也减少了弟弟的抗拒心态，试问哪有人喜欢被责怪呢？

我认为孩子的潜能是无限的，只要适当地给予启发，即使资质一般，也能“大器晚成”。

如果孩子比较内向、害羞，我们应想办法去了解、聆听他们的内心世界及需要，帮助他们克服心里的阴暗面。我相信，只要引导年轻人的潜能得宜，他们的能力绝不比我们这一代逊色，甚至更出色。

11 养儿防老

我经常提醒两个儿子，做人要谨记有责任心和诚实。除了对自己负责任外，对别人及社会也要负责任。有时我笑说，有一天我俩老了，没有收入，甚至入不敷出，儿子给予支持，供养我们，这已很不错了。但我们想更贪心一点，便是倘若他们长大之后，有了经济能力，不论父母是否有经济上的需要，每月给我们几百元去喝茶，以回馈父母的养育、保护、教导之恩，这种懂得感恩（或叫孝敬）的心，更让我们乐不可支。当然，在孝敬的数额方面，象征一下就可以了，不要影响他们的储蓄计划。相信大部分的现代父母也会像我一样，希望孩子长大后多抽空陪伴二老。

我与一位好朋友合办了一个慈善基金，主要是帮助长者改善生活质量，在与老人家接触的过程中，发现有部分独居长者并不是没有亲人或子女，但当中竟有一些与子女是没有交往的。看到此情况，我感到很心酸。养儿都防不了寂寞，更不要说是养儿防老了！

话虽如此，我认为，与孩子从小建立亲子关系，不要附上有条件的爱，特别是金钱，这样能减少父母与子女因金钱反目成仇的可能性。因为在法庭案例中，涉及金钱的纠纷，发生于亲属之间所占的比例很高。

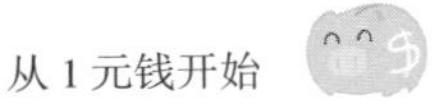

作为父母应为下一代付出大半生的努力，不问得到什么。天下父母心，莫过如此。

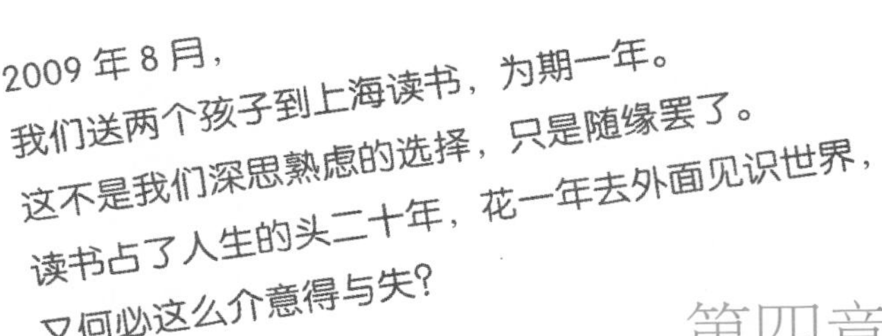

2009 年 8 月，
我们送两个孩子到上海读书，为期一年。
这不是我们深思熟虑的选择，只是随缘罢了。
读书占了人生的头二十年，花一年去外面见识世界，
又何必这么介意得与失？

第四章

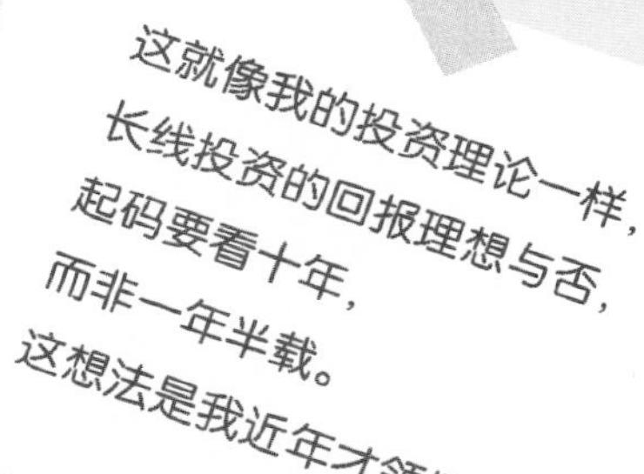

这就像我的投资理论一样，
长线投资的回报理想与否，
起码要看十年，
而非一年半载。
这想法是我近年才领悟到的。

第四章
送孩子到上海念书

01 为什么到上海读书？

我们在2009年8月送两个孩子到上海读书，为期一年。很多朋友问我，是否为了提升孩子的竞争力，让他们了解国情，为将来铺路。我也经常反问自己，究竟去内地读书是否对他们帮助很大呢？

我们觉得，随着国家的发展，全球的影响力越来越大，我们多了解中国的文化和语言变得很重要。香港与内地两地距离虽近，孩子在小学一年级开始已学习普通话，但很难说得上流利，我们希望他们在实地环境中多说多练，也从中认识本土生活和文化，开阔眼界，同时也作为一个锻炼的机会。

当时我因工作关系经常到内地出差，如果孩子在当地念书，反而可能见面时间多些。2008年年底我与太太商量，她决定陪伴孩子一同到上海，负责照料他们的起居生活。

读书占了人生的头二十年，花一年去外面见识世界，又何必这么介意得与失？这就像我的投资理论一样，长线投资的回报理想与否，起码要看十年，而非一年半载。这想法是我近年才领悟到的。

我和太太从来不主张给孩子喂“精灵”过人的奶粉，也不刻意送他们进幼儿园名校，也没有要孩子四五岁时，一星期学十几样东西（这是真人真事，我的朋友让几岁大的孩子早上学文，如语言、琴、棋、书、画；下午学武，如跆拳道）。对此做法，我持中性立场，只要孩子压力不大。世界变化得越来越快，在以成功为本的教育模式下，很多孩子都被教成要走在前头，不要落后于人，富裕才是成功的唯一标准。

因此，安排孩子到上海读书不是我们深思熟虑的选择，只是随缘罢了。

他们在这一年离开了香港的安乐窝，经历一些考验，将来在接触新事物时就不会害怕，能够融会贯通地去面对，到任何地方都可凭着这股意志去适应。那么，这一年就不是浪费。

这些经验可以一生受用。

究竟这一年有没有用？留待孩子将来去回答好了。

02 到上海前的准备

本来我们是打算送孩子去北京读书，学校已差不多找好了，但想到北方天气寒冷且非常干燥，所以最终选择了上海。

要让孩子到一个全新的环境生活，事前准备工作不少。我们要引导孩子做好心理准备，除了跟他们多次讨论去上海的理由，在正式搬到上海前，我们一家先后两次前往上海，第一次是纯粹游玩，第二次是让孩子看看未来的生活环境，特别是将要就读的学校，并和学校主任见面。上海的医疗服务也是我和太太看重的一环，我们搜寻了当地适合香港人就诊的医院和诊所名单，以作万全之策。居住方面，我们选择的地方住着很多外籍人士，周围绿化较多，有大型超市和大泳池，环境很不错。因此，在生活上，两个孩子应该都能够顺利适应。

上海发展较快，人们都有礼貌，我也经常提醒孩子要待人以礼，才易于融入新环境。

在到上海之前，我们跟孩子说明了在上海的这一年将会很辛苦，是来磨炼的。我们从没有刻意淡化或把事情简单化，就是要他们有心理准备迎接挑战。我希望他们将来每次遇上什么难题，都会想起自己在上海是如何面对问题的，会愿意尝试去克服困难。

BOX

孩子的心得

如果有香港同学问到去上海读书有何建议时，大儿子会答："对人要友善，不可以恶，否则同学就不会喜欢你；还要坚持，因为功课和测验都相当多。"

03 也有担忧

我们在送孩子去上海读书前，已考虑过很多事情，其中包括医疗问题。虽然上海是大城市，医疗先进，不比香港逊色，但就医流程与香港有很多不同，例如动辄打点滴（吊盐水）、进行不同检查等。

所以我们搜集了住所附近的医院资料，即使距离远一些的也在名单之内，分门别类，例如专给小儿的，有哪个专科，又或成人看诊的，有哪个专科；哪家医院有什么专长；哪一家是给本地人或外地人，或者是韩、日籍人士多去的……资料搜集了不少。

年初在新加坡公干时，接到太太电话，说小儿子在教室被人撞倒，后脑着地，同学的母亲送孩子去医院检查。我听到这个消息，顿时吓到魂不附体，幸好孩子意识清醒，和人对话没有问题。在复旦大学附属儿童专科医院做 Cat Scan（计算机轴向断层扫描）后，证实没事，隔了三四个小时，我们才放下心头大石。整个晚上太太都半睡半醒,确定孩子没有发烧或呕吐（这是脑部严重受伤的症状，可致命，一般可在二十四小时内发生），直至翌日下午才真正放心。

做父母的确不容易，希望这不会让想要孩子的读者变得犹疑，总之有苦有乐是养育孩子的事实。

04 上海学校大不同

我们在徐汇区找到两所本地学校让孩子就读，学费是本地生的八九倍。小儿子入读专供境外生就读的四年级，一个班十八个学生，英语课较多，功课压力较小。至于大儿子，入读升初中预备班，与本地生同班，全班共五十四人，功课非常多。

相对于弟弟，哥哥的压力较大，因为语文课要求严格，内容上艰深了不少，常要背古诗、文言文等，连注释也要一并背熟，即使写出意思相近的文句都不可以。有时候因为默写错字多了，午饭休息时间会被留下来重新默写，上课一整天里难得的休息时间也被剥

夺了。数学课也不简单，功课量也多。因此大儿子曾经“起义”，投诉功课压力过于沉重。唯有英文课比香港时的程度要浅两级左右，所以我们安排孩子在国际学校念补习班，以加强英文水平。

不过，上海这所学校是真正的开明，太太因为大儿子功课压力的问题与老师沟通，说明香港学校对学生的要求有别于上海，希望老师能够把学业安排得轻松一些，减少孩子的压力，老师都愿意配合。

学校鼓励家长随堂听课，与家长多交流，也尊重学生的权益，有意见都可以向校方反映，这些安排都毫不比香港的学校逊色。

BOX

得来不易的成就感

大儿子说：“我用普通话与同学沟通已没问题，但有时候同学会说上海话，我就听不懂了。在上海学多了文言文，数学课也很强，半年就教了香港一年的课程。我能够应付好功课，都有小小成就感了。”

05 意想不到的收获

在上海生活超过半年，两个孩子的普通话明显流利了，与人对话也很自然。他们在学校里也渐渐能够融入同学的圈子，小儿子更被同学推选为光荣升旗手，代表自己的班级在操场上升旗，选他的理由是他的普通话进步很大。小儿子说时一脸自豪，毕竟这代表同学们都认可了他。

大儿子也毫不逊色，获老师及同学给予品学评选的奖项，这是根据上课表现和读书成绩来评定的，即使有一个同学提出反对也选不上。大儿子有时会显得有点 cool（酷），但他跟同学相处得很不错呢！

虽然功课仍多，但孩子已没有抗拒，愿意继续努力读下去。

两个儿子说起学校的课外活动会眉飞色舞，大儿子喜欢打篮球，在上海经常练习。平日要在操场跑步、做体操，多冷的天气也要练习,体质也变好了。他又参与了“世界遗产之中国档案”项目，对中国境内的世界遗产了解更多。小儿子参加了绘画班，也学了弹钢琴，读书兴趣也很大。

虽然我跟太太和儿子们分隔两地，互相牵挂，却令我们更珍惜相处的时间，减少了无谓的争执。以往，我会因为个性急躁而偶尔发脾气，现在都减少了。

因为离开了香港，孩子反而会想念香港的好东西，就像我家附近的金锋靓靓粥面店，那里的靓粥及肠粉让孩子挂念不已，嚷着回港后一定要去吃。

因为失去过，才会懂得珍惜身边的好东西。

BOX

光荣升旗手

在学校被选为光荣升旗手的小儿子有这样的感想：“被人称赞很开心，这里的老师对学生很好。”

06 练出超水平

这次决定去上海读书，虽然是用了一年时间给孩子进行心理准备，但仍然受到他们的质疑，特别是大儿子知道内地的课程和功课较艰深，便有怨言。

我引用杨旭写的《成功启示录》（武汉大学出版社出版）中的一个故事，向他们解释。

一位钢琴大师在给新生授课的第一天，拿出一份高难度的乐谱让学生练习，学生弹得错误百出。到第二周，没想到大师又给他一份难度更高的乐谱，第三、四周，同样的情形持续……三个月后，学生终于忍耐不住向大师提出质疑，大师没开口，只是抽出学生最早的那份乐谱，交给学生弹奏，不可思议地，学生居然可以将这份乐谱弹奏得无比美妙，其他的高难度乐谱，学生也有超水平表现。

“如果当初我任由你表现最擅长的部分，可能你还在练习最早的那份乐谱。”学生终于明白：看似紧锣密鼓的工作挑战、难度渐升的环境压力，原来可以在不知不觉间练就自己不凡的能力！

我告诉孩子，做人要经过磨炼，才能发挥内在的潜能。

试过，才不会后悔

当两个儿子上完第一个学期，还有一个学期便完成上海之旅。我和大儿子说，他现在还应付出百分之百的努力，虽然在未来数个月就读完了，但不能只是交了功课，而是要每个小测验、小考试和学期考试都尽最大努力，即使只是考个五十名（全班有五十四人），但起码尝试过。在适当时候做应该做的事，否则事过境迁，后悔也无济于事。

大儿子很懂事地答应，且看他的努力是否有好的成果。

07 孩子不想上学

大儿子在上海入学刚一个月之后，某天晚上突然抛下功课，走进客厅、躺在沙发上。他妈妈问了原因，原来他觉得功课太多，也太深了，感到受挫，说以后也不上课了，要回香港。太太立即与我通电话，我们同意让孩子休息一天，也跟四位相关老师（班主任、数学和语文老师，还有境外班主任）进行了沟通。老师了解过后，也认为可以让孩子放松一下，倘若功课过多，可以延迟交或者减少作业量。我与孩子为此事在电话倾谈了接近一小时，之后也有多次倾谈。

事情过去三个多月后，孩子如往常一样喜欢上学。我们综观原因，明白孩子的反应是很正常的，在香港，他的成绩算是名列前茅，一般在八点前已做完功课，但在上海，不到十点都难有休息。

上海学校的功课量比香港大，例如背课文，在上海背一二百字是正常不过，但倘若错超过四个字，又要重背及默写。数学方面，香港学校做十道题，但在上海就要做四十道题。孩子虽然一向做事算是超快了，但还是吃不消。怪不得他有这种“起义”的行动。

我为这事跟一些心理医生谈过，知道孩子并没有患拒学症。

08 不是拒学症

大儿子并不是因为过度紧张或不能安心地留在学校而拒绝上学，同时这次拒绝上课的情况没有重复发生。他没有焦虑，也没有家庭压力、学习障碍等，也没有头痛、恶心等拒学症的症状；行为上也没有异常状态，例如发脾气、逃避等。医生朋友说我们做得对，能够立刻面对问题，因为回避问题只会让孩子的焦虑情绪继续存在。所以应立刻处理，越迟解决，就越难解决。

我们跟孩子清楚地说明，我们理解他的焦虑，可能他和弟弟刚到一个新的环境，不仅从三十人一班转往五十四人一班，同时还要适应功课和语言差异的挑战。另外，我们明白大儿子的性格是，在新的环境，自然要展现他的能力，但要争取高分数令他的压力增加。而且，他在新环境希望得到同学的认同、喜欢，这些都增加了他的压力，令他抗拒上学。有专家说，如果压力过度，更会导致孩子产生反叛、失眠、体重下降等问题。

09 被迫的孩子

有临床心理学家说，有些父母要求孩子学某样东西，例如音乐，但孩子没兴趣时，会令他们产生强烈的被强迫的感觉，会问为什么要学。

孩子愿意提出意见其实是一件好事，起码我们可以了解他们的内心世界，及早商讨以解决问题，即使错了，还可以补救。

正如我们送两个儿子到上海读书。由于学校是徐汇区重点学校，所以一开始学校的要求很高，例如背一篇课文时，只要错四个字或以上，便要重背及默写，直至错字不多过四个，并由家长签名证实。又例如写字，由于孩子习惯写繁体字，刚开始用简体字书写时，经常会把字多写一点，或漏写一点，这些错误都会导致分数下降，使儿子感到受挫。

再举一个例子，相信很多人都知道，内地学生的数学水平相当高，虽然儿子在香港的成绩算很不错，但入学之初仍是困难重重，有个别题目，连我看过后也得花几分钟去消化，才能解释给他听。

以上种种文化、语言、课程深浅，皆令孩子有压迫感。我们作为父母当然要实时响应，与孩子倾谈，还要与学校不同部门，包括班主任、各科老师、留学生部负责人等沟通。孩子虽曾罢课一天作出抗议，现在已返回学校，相信这件事可以得到解决。

10 人生的小磨炼

做人父母真是一件不容易的事，不为孩子计划，看似不尽父母责任；过分计划，又变成给他压力，而且若是做得不好，又会被责怪，没有尽父母的责任。

其实我们早在一年前已跟两个儿子解释为何安排他们到上海读书，其中的好处及坏处等，也发出“警示”，他们可能会遇到不少困难，只是没想到问题这么快就出现了。

我们都认为，宁愿孩子身心发展健康，也不要他们一定每次考第一、入读名校，找到令人羡慕的工作，因为在长期被迫的情况下，

孩子会变得抑郁，不能承受冲击……

大儿子“起义”的一个月后，与他再谈起，看得出他已适应一些，人也开朗了。

笑着迎接挑战

我跟他说，任何年纪的人都会遇到困难、挫折或是新挑战，人要学习面对。我们不会给他压力，只要尽力尝试过就可以了，不论考一分还是九十九分，我们都不会过分失望或高兴，我们不会因为他考太低分而伤心，也不会因为他考高分而感到骄傲，最重要的是他愿意面对，克服困难。

现在看来大儿子是明白的，希望他可以保持愉快的心情，继续坚持下去。

11 忙里偷闲

在一个周六，我们一家去了上海科技馆。这座科技馆非常大，门票成人六十元，儿童四十五元，坐落于上海浦东的世纪广场，是一座综合自然科学与技术的场馆，共三层，一天都逛不完，我们游览了“地壳探秘”“视听乐园”“智慧之光”“信息时代”等。大半天很快就过去了，孩子们意犹未尽。

一日游有点像蜻蜓点水，因为在场馆里，例如在“智慧之光”，可以动手操作仪器，了解什么叫能量转换，但需要有耐性，有些活动要排队十五至三十分钟。这些体验提高了孩子（甚至我们父母）的创新思维，满足了他们的好奇心，说不定在“智慧之光”玩过后，一些孩子会立志做科学家呢！

另外，“地球家园”场馆，也可令孩子了解人与大自然的相处，学会爱护地球，爱护资源，否则会导致恶果。

两个儿子非常喜欢去博物馆和书城，有时要发最后通牒才肯走，真是哭笑不得！

12 孩子眼中的上海生活

两个儿子对上海的生活有一些体会，以下直接引述他们的话。

大儿子：

★不好的地方：仍然有不少人随地吐痰、乱扔垃圾，堵车非常严重。

★好的地方：绿化做得不错，种了不少树来美化环境，令空气改善一些；大多数的人都很友善。

★上海世博的口号是"Better City Better Life"（城市，让生活更美好），每月5号、15号和25号被定为"整洁日"，但是好像没什么效果，跟平时一样。

★就读的学校不错，有图书馆、两个篮球场、两个排球场……

★学校的同学不错，肯帮助人，老师也肯教学生。

 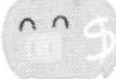

小儿子：

★不好的地方：一是车太多；二是过马路很困难，也很危险，车辆可能随时转方向。

★好的地方：上海居住的环境不错，天比香港蓝，有一些云，很少见到工厂。

★参观了世博会，参观了一些场馆，世博的口号：城市，让生活更美好。

★上海有很多著名的景点，但没有去过，例如静安寺、上海影视乐园、外白渡桥。

★学校很好，读国际班，老师很有耐性，也不会轻易责骂同学；功课实在交不了，明天交也可以。

★学会了见同学跌倒时，扶他们起来，如果见别人乱跑，会叫他停止。

两个孩子都认为：

★学会说普通话。（大儿子完全掌握，小儿子已差不多可以了。）

★认识到上海是中国最大的城市，非常发达，属于直辖市，有不少名人。（爸爸认为：应该还是北京吧！）

亲子关系是很需要建立的，
孩子的品德教育也同样重要。
培养孩子懂得尊重别人，孝顺父母，
培养孩子善良，学习独立，有正面积极的人生观，
作为社会一分子，令社会充满和谐的气氛。

第五章

如果有人问我的核心价值是什么，
答案是，爱人及己，爱己及人。

第五章 培养健康人生观

01 知足·感恩

在香港这繁华发达的城市，还有细小如雀笼的笼屋（或板间房），在房间里永不见天日，卫生环境也很恶劣，但有接近2.5万名儿童是居住在这样的地方。请告诉我们的孩子，即使住在五十平方米的小户型里，也比很多人幸运，不要羡慕同学住两三百平方米的豪宅。

有些持三个月限期入境证明的内地儿童，每月要到港岛区的入境处报到，他们可能由屯门出发，交通费都可能是沉重的负担。正当我们的孩子每天想逃避父母的唠叨，希望一个人无拘无束，以及想着怎样花零用钱时，很多在港的内地孩子的愿望就是尽快获得单程证，与家人团聚，努力读书，长大后做一个有用的人，孝敬父母；相反，我们的孩子会这样想吗？

如果问我们的孩子有什么愿望，恐怕很多人也答不出。以上例子只想指出在比较富裕环境下长大的孩子，真是不识愁滋味。他们将来能否经得起挫折或考验，我们难以估计，但总不能一世守护着他们。

对于一些持双程证或出生于贫困家庭的孩子，如果问他们最开心的事，很多回答是有机会读书、有能力买计算机等，读书的目的是以后找工作。如果将同样问题问中产阶层家庭的孩子，他们最开心的事可能是玩游戏、买PSP（Sony公司开发的多功能掌上游戏机）、wii（任天堂公司开发的家用游戏机）、Xbox（微软公司开发的家用电视游戏机）；至于读书的目的，很可能是爸爸妈妈要求，他们自己并不知道。

中产阶层及以上家庭的孩子没有被贫穷缠绕，但他们却被物质及玩物操纵、捆绑。他们不曾感受到生活迫人，却会感到生活无聊、时间太多、无所事事。

学会面对逆境

有些孩子由于父亲失业，要忍饥挨饿，但重要的是，他们没有放弃，把握每个机会到小区中心或教会领取免费食物，入读中心提供的免费学习班、兴趣班，在困境中寻求机会，这种不卑不亢的态度值得每一个孩子学习。

“穷人的孩子早当家”，困境把人“养大”，孩子需要和家人一起坚持下去。

所以，我坚信训练孩子如何面对困难、应付挫败、怎样从失败中站起来，比让他考取钢琴八级更加重要。

02 培养同理心

有些父母会找机会告诉孩子："你看，你自己有多幸运，像那个孩子，他的父亲失业，现在要靠社保援助，衣物也是别人捐赠……"这种说法是非常不对的，不应该拿别人的"不幸运"来作比较。人家孩子比较穷，但是否一定不及自己的孩子幸福？自己的孩子一定会惜福吗？会懂得感恩吗？我相信曾经受过苦的孩子更懂得感恩，他们得到社会的帮助，将来更加愿意回馈社会，服务社会。

我们可以教导孩子，贫穷的孩子不一定不快乐，但他们要花更大的努力去争取日常需要的东西，例如有些要在课余之后去捡垃圾，赚几块钱去买菜。我们应该敬佩他们，不要因为他们经常穿着同样的衣服，甚至衣服破了洞，而轻视他们。

教导孩子以平等、互相尊重的心对待家境较差的孩子，希望他们有同理心，不要以为自己"高人一等"。要知道长大后难免会遇到不同的事情，"人比人，比死人"，执着于比较只会令人平添更多苦恼。

03 尊重他人

我平时除了教导孩子对人要有礼貌，也教导他们应尊重他人。父母通常会是怕孩子没礼貌，在人前表现不好，有失父母的面子。我也同一般父母一样，无可避免有着相同感觉。但是我不会每次见到孩子顽皮的时候，便板起面孔骂他、打他。我会冷眼旁观，情况不严重的话，任由他“碰钉子”。倘若严重的话，例如不礼貌、不尊重他人，我会直指其非，告诉他们见到长辈时要打招呼，开饭时先叫人吃饭等。如果环境不允许，就留待回家再教。我们一直教导孩子要尊重他人，不要因为别人的性别、肤色、外表等而轻视别人，这是我们所不能接受的。

李叔叔说：

尊重是即使施舍乞丐，
也应恭敬地施舍。例如要施舍5元，
应该俯下身，轻轻放下硬币，
而非像投飞镖般，
这是很没礼貌的。

04 中、西餐都要吃

大儿子比较喜欢吃米饭，无米不欢，小儿子则不论米饭还是面食，一样喜欢。

究竟专一好，还是什么都行，我会选后者，因为现在的社会需要我们合群及有适应能力（或称弹性）。

大儿子是一个有主见、有纪律的孩子，对自己和别人都很负责，如果他能维持下去，我应该不用太操心。但有时想到他有自己的一套做法，将来可能会多碰钉子。有一次大儿子说要吃西餐，我们表示赞同。我本身偏好中餐，吃西餐只为业务上的需要。

我趁去吃西餐时与孩子分享，做人要中西兼顾，不要墨守成规，否则需要改变而没有改变，辛苦的是自己，也会错失机会。有这样一个例子，一个贸易公司的员工被上级问到是否愿意去内地工作，他的回复不置可否，结果公司派了另一个员工去。该名愿意出差的员工由于表现良好，在两年后回来便升职了，由下属变成了上司！

有人问当初不愿意去内地的员工原因，他说不喜欢吃面或饺子，要吃米饭，所以拿不定主意，并非担心能力应付不了。

这个真实故事告诉我们，现在的孩子被娇惯了，如果对生活细节的态度不早些改变过来，他日可能会影响生活或工作前途。

05 蚂蚁哲学

我家两个孩子，大儿子的性格是思考型，小儿子的性格是乐观型，就是那种“天掉下来当被子盖”。二者各有好处，况且性格是天生的，怎能说改就改？

我的性格算是未雨绸缪型，每件事都要计划一番，希望能做到“一如所料”。但是长此下去，做人也颇辛苦。话虽如此，我仍然认为做人要有责任心、有计划。近年我已逐渐放松一些，找机会平衡一下，例如让太太安排旅行的行程，让学生（我兼任两所大学的导师）安排活动，坐享其成！

在生活上，我时不时鼓励孩子不要轻易放弃，要像蚂蚁般永不言败。

我读过李焯芬教授写的一篇有关“蚂蚁哲学”的文章。大意如下：蚂蚁从不放弃。如果它们想奔向某个地方，要是前路受阻，它们便会设法寻求另一条路线，或是向上爬，或是绕行，直到找到另一条路线为止。另外，蚂蚁在夏天就为冬天作打算，即使在盛夏，它们也积极地储备冬天的食物。它们不会永远等待，而是采取一种乐观的、积极进取的态度。

自从读了这篇文章后，我就时刻提醒自己，同时也教导孩子这个“蚂蚁哲学”的生活信念。

06 变通

大儿子是一个很有原则、黑白分明的人，他可以等两分钟直到交通信号灯变成绿色，也可能会出声批评一个在不适当地方抽烟的人。他在学校当了两三年班长，是“捉人”“抄名”最多的班长，我们曾担心他的“公正严明”会否被同学反感，甚至变得没什么朋友，但事实并非如此，他还算是有朋友喜欢的（否则也不能接连被选为班长）。除了本身性格外，我从小就教他不平则鸣和锄强扶弱的道理，也是形成他性格的原因之一。

当他渐渐长大，我还是担心他的率直和“不给面子”的批评是否会让他到处碰壁或令人讨厌。教了这么多年，难道突然改变：“宝贝儿，你要见风使舵，别太执着呀！”这样说又好像违背了自己的原则，让我感到很无奈，要怎样教他与人相处既有弹性又能保持自我呢？

直至看了两篇文章，我才顿悟开窍，并和他分享。我希望他不要死钻牛角尖，不要“不撞南墙不回

头”！另外，即使有时觉得自己很有理，也不要“咬着别人不放”，希望他学到“忍一时之气，退一步海阔天空”的道理。

衍阳法师在《温暖人间》专栏写的一篇文章《直心，原来需要善巧》，我以下差不多原文照录，希望与读者朋友分享，得到法师的允许，感谢万分！

衍阳法师教我们：真实的身躯还需要衣物，是装饰也是保护，不要像把直直的钢尺，试用善巧来辅助我们的直心吧。

《直心，原来需要善巧》

儿子问：“爸爸，被鳄鱼咬和被鲨鱼咬有什么不同？”

爸爸：“……有什么不同？不都是痛吗？”儿子嬉笑：“怎么那么笨，被鳄鱼咬完又被鲨鱼咬呢！”

很多事情常弄得我们一塌糊涂，不知所措。就说“直心”吧，我们常被教导：“直心是道场”，要在正直、诚实中修炼，但现实不如想象的那样。当表明不知时，别人会把我们当作笨蛋；有所知时，“所知”却给我们带来烦恼。不义时过不了良心，守义时自己又吃亏；不负责时有损职守，尽责时又吃力不讨好；别人太过分，我们想不仁时反怕对人造成伤害，讲道德又敌不过对方的暗手……直心到底是个怎样的道场？如何才能跳出这个矛盾？

借一位国王为例。他缺手、断脚、单眼，没有德政，好大喜功，却希望子孙后代能永远记着他，于是请来全国最好的画家替他画像。画家的技术的确一流，把他画得很逼真。他看后十分难过:“这样一副残缺相如何传得下去？”就把画家杀了。国王再请来第二位。第二位画家前车可鉴，不敢据实作画，就把国王画得圆满无缺，把手脚和眼都补了上去。谁知国王看后更难过，大怒 :“你竟敢讽刺我！”又把画家杀了。再请来第三位。第三位画家惊慌失措,心想:写实派被杀了，完美派被杀了，怎么办？惶恐了很久，急中生智，就画国王侧身单腿跪下，手拿着枪，闭着一只眼睛瞄准射击，就把缺点全部掩盖了，结果他获重赏。

第三位画家没有作假，他笔笔真实，他取的只是另一个角度。直心，原来需要善巧。善，不会造成伤害 ；巧，是对双方都大利的方法。

我们都善良得太单纯了，以为一就是一，二就是二。于是见山是山，见水是水，殊不知真实的躯体还需要衣物，是装饰，是遮掩，也是保护。保护自己，也保护别人。

有两个小朋友很想养小狗，怎样跟妈妈开口？于是各自想办法。过了不久，两个人相见，一个拿着玩具狗，一个抱着梦寐以求的可爱小狗。得到小狗的问另一个："你是怎么跟妈妈说的？"他答："还能怎样？我每天都吵着想要小狗，她说只能买只玩具狗给我。那你呢？""我每天都跟她说：'妈，我要个弟弟，我要个弟弟。'妈妈烦不胜烦，说送弟弟就没有办法了，只能送只小狗给我。"

不要再像把直直的钢尺了，试用善巧来辅助我们的直心吧。

另一篇文章是在网上看到的，文章名为《三八二十三》，是有关孔子教育学生颜回的，颜回是孔子的得意门生。

《三八二十三》一文教给我们，很多事物不必争，退一步海阔天空。有时我们争赢了所谓的道理，却可能失去更重要的；事情总有轻重缓急之分，不要为了争一口气而后悔莫及！

文章实在太好了，笔者原文抄录如下。

《三八二十三》

颜回爱学习，德行又好，是孔子的得意门生。一天，颜回去街上办事，见一家布店前围满了人。

他上前一问，才知道是买布的人跟卖布的人发生了纠纷。

只听买布的人大嚷大叫：“三八就是二十三，你为啥要我二十四个钱？”

颜回走到买布的人跟前，施一礼说：“这位大哥，三八是二十四，怎么会是二十三呢？是你算错了，不要吵啦。”

买布的人仍不服气，指着颜回的鼻子说：“谁请你出来评理的？你算老几？要评理只有找孔夫子，错与不错只有他说了算！”

颜回说：“好，孔夫子若评你错了怎么办？”

买布的人说：“评我错了输上我的头，你错了呢？”

颜回说：“评我错了输上我的冠。”

二人打着赌，找到了孔子。

孔子问明了情况，对颜回笑笑说：“三八就是二十三！颜回，你输啦，把冠取下来给人家吧！”

颜回从来不跟老师斗嘴。他听孔子评他错了，就老老实实摘下冠，交给了买布的人。

那人接过冠，得意地走了。

对孔子的评判，颜回表面上绝对服从，心里却想不通。

他认为孔子已老糊涂，便不想再跟孔子学习了。

第二天，颜回就借故说家中有事，要请假回去。

孔子明白颜回的心事，也不挑破，点头准了他的假。颜回临行前，去跟孔子告别。

孔子要他办完事即返回，并嘱咐他两句话："千年古树莫存身，杀人不明勿动手。"

颜回应声"记住了"，便动身往家走。

路上，突然风起云涌，电闪雷鸣，眼看要下大雨。颜回钻进路边一棵大树的空树干里，想避避雨。

他猛然记起孔子"千年古树莫存身"的话，心想，师徒一场，再听他一次话罢，从空树干离开。他刚离开不久，一个炸雷，把那棵古树劈个粉碎。

颜回大吃一惊："老师的第一句话应验啦！难道我还会杀人吗？"颜回赶到家，已是深夜。他不想惊动家人，就用随身佩带的宝剑，拨开了妻子住室的门栓。

颜回到床前一摸，啊呀呀，南头睡个人，北头睡个人！

他怒从心头起，举剑正要砍，又想起孔子的第二句话"杀人不明勿动手"。

他点灯一看，床上一头睡的是妻子，一头睡的是妹妹。

天明，颜回又返了回去，见了孔子便跪下说："老师，你那两句话，救了我、我妻子和我妹妹三个人啊！你事前怎么会知道要发生的事呢？”

孔子把颜回扶起来说：“昨天天气燥热，估计会有雷雨，因而就提醒你‘千年古树莫存身’。你又是带着气走的，身上还佩带着宝剑，因而我告诫你‘杀人不明勿动手’。”

颜回打躬说：“老师料事如神，学生十分敬佩！”

孔子又开导颜回说：“我知道你请假回家是假的，实则以为我老糊涂，不愿再跟我学习。”

“你想想：我说三八二十三是对的，你输了，不过输个冠；我若说三八二十四是对的，他输了，那可是一条人命啊！你说冠重要还是人命重要？”

颜回恍然大悟，“扑通”跪在孔子面前，说：“老师重大义而轻小是小非，学生还以为老师因年高而欠清醒呢。学生惭愧万分！”

从这以后，孔子无论去哪里，颜回再没离开过他。

07 教孩子有主见

我身边的朋友、侄子、侄女，甚至是自己的孩子，最普遍的现象是当我们问他们问题时，听到最多的答案是“不知道”“没学过”“无所谓”，这些看似不是答案，但也是回答。

我见过一个七八岁的孩子，吃饭时，他母亲问他要吃这个菜吗？他答“嗯。”第一次母亲夹了给他，他说他没有说要，为何夹给他？第二次，同样问题，也是同样的答案。这次母亲没有行动，结果孩子问为何不夹给他？他说“嗯”这次是代表“要”。气死了吧？

那次，我忍不住以最压抑的语调，教训那个孩子为何不说清楚，同时为何想吃时不自己动手？

究竟是孩子的问题，还是由父母造成的？若是孩子本身的问题，那么应寻求专家的辅导，尽早矫正。若是父母的问题，我们要仔细想想了。否则他日孩子长大后，在办公室要同事、上司来“猜谜语”，给他一个工作，要猜他是否明白自己的责任所在，又或者是否知道底线等。习惯是养成的，作为父母也有责任，要及早检讨一下，调整教法。

如果做父母的将孩子的学业和特长技能，例如钢琴、游泳等放在首位，而忽略培养他们独立、有主见，起码要有主意，那么真的要担心他们是否来得及在进入社会工作前心智变得成熟。

08 正面应付分歧

父母与孩子出现意见分歧，甚至冲突，最普遍的导火线应该是看电视和玩电脑了。究竟一天应该看几个小时电视、上几个小时网，大家会争执到面红耳赤，没完没了，伤害感情。

难道没有电视、电脑，就没有纠纷吗？就会安享太平吗？难道要回到恐龙年代，抛石子当玩具吗？我认为与其阻止，不如多了解孩子为什么要看电视，是否没有其他娱乐，为何要流连网上，是功课需要，还是与同学、同辈沟通。

电脑≠邪恶

现如今，互通电话很普遍，但短信联系更常见，这是年青一代沟通的方式。作为父母，我们应尝试了解他们在网上做些什么，是沉迷还是有实际需要，观察一段时间，究竟每天上网的时间要多久。如果父母对电脑一窍不通，而单纯地说它是邪恶的，上网就等同浪费时间、荒废学业，那太过武断，并不能解决问题。

我们要求，儿子如果是上网做功课，基本是没有限制的，但会清楚告诉他们，我们会随时监督，倘若是在做功课以外的网上娱乐，我们会进行处罚，例如减少或停止网上游戏的时间。

至于上网玩游戏，我们也有规定时间，例如每天四十五分钟，中间要暂停一会儿，让眼睛休息。我们要向孩子解释，不可以“无限”上网，是因为对眼睛不好之外，还有其他事情值得做，不能只有单一的娱乐项目。

转移兴趣

一位朋友的儿子迷上网络游戏，每天除了吃饭和草率地完成功课外，其余时间都用来打游戏。朋友夫妇俩曾经加以劝阻，但无论用奖或罚的方法都行不通，试过各种威逼利诱的方法也不成，导致亲子关系恶劣。

一次偶然机会，朋友带儿子去打高尔夫球。打过几次之后，儿子竟然爱上这项运动，还参加了一些比赛，也不再打游戏了。他的父母当然非常欣慰。

有人说当孩子只要爱上了任何一种运动，他们的精力和时间都会放在这项运动上，哪有时间学坏？我是同意这说法的。

我们一家四口去元朗练太极已有一段时间，现在两个儿子去上海读书才暂停，将来仍会继续，希望太极这项运动能成为他们的兴趣！

BOX

不要用“武力”教孩子

与其用强硬手段去阻止或改变孩子做一些事情，我们不如尝试用疏导的方法，例如帮他们培养对一种运动或艺术活动的兴趣，效果可能更好。

李叔叔说：

不可以“无限”上网，
是因为对眼睛不好之外，
还有其他事情值得做，
不能只有单一的娱乐项目。

09 与孩子早定规则

我们越早给孩子定规则越好，因为在最初，他们比较愿意听，倘若一开始便任由他们每天玩三小时电脑，之后发觉问题大了，影响学业、睡眠、健康……才想改为一小时，那就太迟了。就像住惯豪宅的人，改住五十平方米的小房子，恐怕要适应一段时间。

不预先定下规则，是父母的错，不是孩子的问题。因此，最好尽早估计并计划（当然并非每件事情都在控制、预计范围之内），总好过没有任何计划。

如果我们没有定下一个正确框架让孩子成长，待孩子养成习惯后，要改就可能会费尽九牛二虎之力。如果成功还值得，最怕的是改不了，孩子变成一刻钟没有电脑都会感到不安全、不舒服，甚至变成宅男，那就太迟了。

早些定下大家都同意的规则，对孩子和父母都有好处。另外，很重要的一点是，令孩子养成守信用的习惯，遵从规则，将来对他为人处世也有帮助。

10 克服恐惧

有一次，朋友说他的孩子很怕黑，一定要房间灯都亮着，才肯睡觉，直至现在八岁多了也是如此。我的孩子没有这个问题，不能分享经验，但我从其他事情上有一些经验。

孩子从小跟我们一起爬山，如果山路没有其他人，孩子会恐惧，不愿自己走在前面，因为两个孩子七八岁时，总喜欢一马当先。我留意到这点，也明白有恐惧情绪的孩子最需要父母给予情绪上的安全感。我们需要确认孩子的情绪，这安抚作用已经很大了。

怎样克服？

我们会说："这条路没有人，安静得有点儿可怕……"然后就拉着他们的手，跟他们一起走。后来再有机会，就鼓励他们在同样情况下，两兄弟手拉手走一小段路，边走边加入一些玩闹，看看可否在前面走五分钟，在前面等我们。他们有时会静下来听听附近的声

音，竟然说听到了鸟声、车声、虫鸣、流水响……有时会玩玩数路牌等游戏，分散了恐惧。这些方式让孩子对“安静”建立良好的经验，发掘“安静”的乐趣。

其实，孩子很多时候根本不知道害怕什么，我们起初不用太过紧张，大胆让孩子自然发展，接触身边事物。

我非常反对的一点是，一些父母用巫婆、贼、警察来威吓不听话的孩子，这使他们对无法控制或预测的事情容易焦虑，甚至形成情绪病。

11 减少摩擦

天下没有不爱自己子女的父母，只有不负责任的父母。

如果可以保证子女不会学坏，不会变得过分依赖，父母也很乐意完全放手，让孩子自己去闯，去尝试新事物。要让孩子有自己的空间，让他们发挥创意，但发挥之余，又不可以让他们变得“没人管”，影响别人。

就以几岁大的孩子为例，他们很多都喜欢在家里胡乱画，在纸上、在柜子上，甚至墙上。相信没有父母会接受任由孩子在墙上乱写一通，除了令家居看来杂乱无章外，也怕养成孩子没有纪律性。

我们想了一个方法，就是在客厅的一面墙装上一块玻璃（白板也可以），玻璃的好处是可以随写随擦，而白板由于质地不同，未必每一种都可以擦得掉。

装上之后，孩子可以在那块 1.5 米宽、2 米高的“涂鸦墙”上任意发挥，乱画一通。我们省了精力去看管他们，而他们也玩得很尽兴，不怕受责备！

所以，有时教孩子，只要我们多想、多走一步，便不用事事与孩子对着干，减少不必要的摩擦，对亲子关系也有帮助呢！

12 训练子女独立

我与太太教儿子们两件事：诚实和负责任。避免他们胡乱去以身试法，当面对诱惑时，缺乏自制能力，做一些令自己遗憾终身的事，例如未婚生子、吸毒等。

从三四岁开始，我们就经常问儿子们："做人最重要的是什么？"儿子们便会答："诚实和负责任。"在年幼开始训练，除非有危险的情况，我们尽可能让儿子们自己去面对问题、碰钉子，让他们自己选择。

当然不一定要试过才知道危险，例如水蒸气比火更危险，如果眼睛被水蒸气喷到，便可能失明。我会给他"示范"，例如把手放在打开的暖水瓶口上，宁愿痛一下，让孩子亲身体会受伤程度，他便会有印象，避免接触水蒸气。

我们这一代"独生子家庭"很普遍，两个孩子的较少，超过三个孩子的就更罕有了。由于"一对一"，事事可以悉心照顾，代孩子拿主意，事事管教过严，减少了子女学习自主的机会。

训练独立从家中做起

专家们说，如果每样东西都是由父母做主，孩子长大后会变得没主见，事事依赖，甚至可能分辨不出是非。

要训练子女独立，不一定要送去外国夏令营，在台湾、内地，甚至香港也有训练营。我并不是说这样做没用，但是这些做法只能当辅助，不能帮孩子独立。倘若在日常生活中，吃饭是保姆送到面前，饭后拍拍手便离开，连说一声谢谢都没有，更不用说帮忙拿碗筷、擦桌子了，又或十三四岁还由母亲、保姆选内衣裤……这些最基本的独立能力都没有，试问长大后如何变得独立？

13 学习自主

独立不是一朝学会的，如果我们说“由他去吧，长大了自然会整理衣服、收拾房间了……”即使真的可以，孩子可能也要经过艰苦的历程，付出双倍的努力学习，这只是在生活起居饮食上，那么为人处世呢？

一个十七八岁的孩子，出外吃饭时还问父母该吃什么菜式，真是太恐怖了！

我在孩子逐渐长大后，给他们的自由度慢慢增加，例如十点前要上床睡觉，就不会像以前说要在九点洗澡、九点四十五分刷牙。对小儿子仍要这样提醒，但不会对大儿子这样说，顶多只会提醒他十点上床的规定。

大儿子可以先看电视、上网玩，然后才洗澡，次序由他安排。但他不能因为上网过了时、看电视不愿关，而过了睡眠时间。这样就要面对后果，例如次序由我们分配，严重的要短暂停止一样他喜爱的活动。

我认为，随着孩子成长，自由度也应相应提高。但任由小儿子自由安排活动是行不通的，因为他还没有足够的自制能力，一玩便控制不住，连妈妈的话都不记得。

我不会一下子将几样“任务”交给小儿子，例如吃饭、洗澡、功课、看电视等好几样事情，要他在三小时内完成。相反，我会把每一样事情分开，让他在七点半吃完饭，有十五分钟休息，喜欢做什么都可以，间接鼓励他早吃完饭，可以早些玩，养成孩子在自由度与限制之间进行选择。

14 对自己做的事负责任

我家两兄弟不常喝汽水，因此有汽水时便争着喝，往往会说“你的多，我的少”。我们让其中一个儿子倒汽水，让另一个先选择。这样做比起从前只管叫两兄弟“不要争,多一些少一些没问题”更有效。现在好了，两人都为自己的行为负责，不能后悔。

有时对着其中一个儿子时，我们会先把一部分汽水倒进杯子里，另一半留在瓶里，由他选择，可能最后他发觉应选瓶里的汽水，因为多一些，但已经太迟了。无论他们如何大吵大闹（很幸运，孩子们没这样做，只是表情失落，怪自己选择错误），我们都不会给予第二次选择，因为选择是他自己做的，后果应自己承担。

一般来说，孩子也很少“赖皮”，不接受现实。

适当时我们会告诉他们，人生不如意事经常有（我没有悲观到认为人生不如意事十之八九），选择了就不要后悔。

况且有时好不好也未必实时

见到，例如汽水喝多了也对身体不好。总之一句话——自己做的事，自己负责。

做人要遵守诺言，但不要随意作出承诺，这点是我们对他们从小就灌输的道理。

15 要赢得光彩

选汽水虽然是小事，但我们可以告诉孩子，将来他们做了一些决定，不论对与错，结局都不能改变。

我曾经说了一个异想天开的故事给孩子听，他们那时只有三岁和五岁，不知他们是否还记得？

话说在一个大的泳池里，有不同的动物参加比赛，有鲨鱼、海豚、乌龟、八爪鱼、鲸鱼、海豹、海马和人。每人各占一线，互不侵犯。我问孩子谁会赢，孩子答得很奇怪，有时答鲨鱼，因为它一支箭的工夫便到，像平时追鱼一样；有时答是乌龟，可能因为听过龟兔赛跑的故事；也有说鲸鱼，因为它一动，便水花四溅，把所有动物扫射上岸。孩子没有说人，我问人会赢吗？孩子们都说不会，因为人游得最慢。我再问倘若你是人，怎样才会有机会赢？孩子的答案很有创意，说可以装上蛙鞋喷射引擎……我说不如下毒毒死其他动物，那么便赢了。

孩子们立即抗议，说太黑心了。

我用的例子可能较极端，但只想带出问题，让孩子想办法解决。

当然我也顺道带出做人道理：公平竞争，要赢得光彩，不要做“胜之不武”的事，也不要做损人利己的事。

当时三岁和五岁的儿子们似懂非懂，但早教好过迟教。我认为父母过分溺爱孩子，或教导“要达目的不择手段”，后果是不但不能令他们独立，还会养成我行我素的性格，不理他人感受，长大后甚至会不择手段达成目的，倘若真的这样，便后悔莫及了。

16 四条大路通罗马

我曾跟一位很有社会经验、事业也成功的长辈吃饭，谈到时下很多年轻人都缺乏以下条件，要想突围而出，恐怕相当困难，我深表同意。长辈说到了以下四点。

1. 社会经验

现在的年轻人大多聪明、见识多，中产阶层家庭的孩子甚至游玩过半个地球，但缺乏社会经验和胆量。无经验，但有胆量，只能算是一股蛮劲，未成气候。

2. 沟通能力

很多宅男宅女，他们不懂和人沟通，也不喜欢（或没有胆量）和人沟通。一般年轻人只跟自己朋友“海侃”，倘若要和陌生人聊天，便舌头打结。

那位长辈说，和喜欢的人交谈还容易，最难的是和一些你不喜欢（甚至讨厌）的人沟通。长辈认为应该和喜欢、不喜欢的人都保持良好的沟通。理由是，以办公室为例，和喜欢的人沟通，他们会帮你一把；但和不喜欢的人沟通，他们起码不会“踩你一脚”，这样才最重要。

（有年轻人可能说这样做人是否太假，说不想做一个“口是心非”的人。我认为这点不对，原因请参考前文《直心，原来需要善巧》。）

3. 发掘机会

每个人一生起码有一次机会（大的机会，特别是事业），问题是我们是否可以把握。做人要多留意身边的事物，千万不要持“事不关己，高高挂起”的态度，多留意身边的事物，世情十年一变，发掘潜在机会，有朝一日一定可以突围的。

4. 接受新事物

做人要勇于发掘新事物，也要有牺牲精神，例如“智行基金会”的创办人杜聪先生，放弃工作，做对社会有贡献的事，这样做并不是因为情操高尚，而是他认为值得做便去做。对个人事业而言，做了一段时期的工作如因为工种变动或人事变动而出现大变动，我们应提早打算，学习新技巧，不要被淘汰。

17 年轻人的职业选择

我近两年兼职在大学里做辅导员，发现部分学生的择业很单一化，大部分是想进入投资银行，职位更是集中在交易员（trader）或销售员（sales）。当然，可能他们本身读的是金融、会计或工商管理，但选择进入投资银行，很明显是认为赚钱较快，也许做十年就可以退休。（此文并非探讨入投资银行的前景，主要是希望年轻人先有他们的价值观，再选择未来的职业方向。）

首先，在找工作前，要了解自己的性格特点，自己究竟是适合做前线销售，还是做中、后台支持，倘若连这点也不了解，相信就算有一份好工作摆在面前，也会错失。有些年轻人永远只是在找一份好工作，而不是找一份适合自己的工作。他们对“好工作”的定义往往是“工资高，奖金多”，但是在找到一份“好工作”后，很快就会觉得沉闷。这主要是因为工作性质与性格特点不匹配。

年轻人应问自己什么事情对生命最重要，列出优先次序，什么要坚持，什么可

以放下。当年轻人了解了他们对生活的渴求后，在选择职业方向时可能就会有较清晰的看法了。

18 “蚀头赚尾”的道理

现在很多老板投诉新入职的员工，特别是年轻人，是“催一下，动一下”，叫他们多做一些工作，他们会说面试好像没有提及，反问为何要他们做。我们可能会怪时下的年轻人只顾眼前，害怕付出，担心吃亏。他们不明白“蚀头赚尾”的道理，做事也不应该怕吃亏。老板叫你多做一些，或做额外的工作，即使是辛苦一点，要加班，但是最终得益的是你自己。倘若有升职或调职机会，老板第一时间肯定会想起一个“任劳任怨、肯帮忙”的年轻人，而不是先问“这也要我做？好像不是我负责的！”然后才勉强去完成的年轻人。

不要处处只求利益

我认为，年轻人养成这个习惯，部分原因是从父母身上学到的。如果他看到父母常说，不要做这些事情，不用探访这个亲戚，因为对我们没好处；或者要买一件名贵的礼物送给一位朋友，原因是他将来可能会“用得着”；又或者永远也不主动送礼物，但需要别人帮忙才送……以上行为孩子看在眼里，接收到的信息是：有利用价值才做，无利用价值时先好好考虑如何运用有限资源，这种看似精明的做法，其实是过分实际和缺乏人情味的行为。

谁也不知道明天需要谁的帮助，为何我们不在今天就当每一个人都是朋友，付出真心和关怀，而不是将“关心指数”与“利用价值”挂钩？

如果孩子因为父母这样的行为、态度而变得过分精打细算，他日长大成人后难免会挑工作来做，为一己利益去阿谀奉承。真正能干的老板是不会选择、提拔这类年轻人的。

为何我们不在今天就当每一个人都是朋友，付出真心和关怀，而不是将“关心指数”与“利用价值”挂钩?

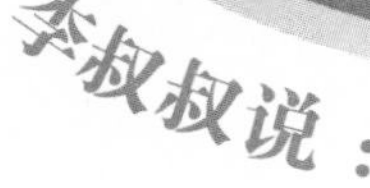

19 培养多元的兴趣

功课过多，令青少年消化不了，死记硬背，变得不懂思考，以为居室就等于家庭，以为随意堆叠衣物在床上就是尽了做家务的责任。功课过多，父母哪有时间花心思再教课本以外的知识、教子女做人的道理？

我试过用半小时教孩子要诚实，最后被太太责怪，“说要十点上床，现在已经十点半啦……”相信有部分家长也像我一样，明白了解子女需要花时间，但有时候确实力不从心。

另外，多功课是否能使孩子增长知识？我认为反而会妨碍孩子学习课本以外的知识。现实中，很多大学生毕业后出来工作，很少

看课外书，也不再学习工作范围以外的知识，试问这样的学习态度是否很有问题呢？教育除了提供课本的知识外，更重要的是让年轻人学会思考，学校（特别是老师）与家长配合，与年轻人一起探索学习的道路。

我赞成新高中的通识教育，因为通识教育可以令学生多接触些不同事物。同时，我希望父母趁机培养子女多元的兴趣，使他们了解人可以有不同的理想，并鼓励他们决定自己的发展方向。

年轻人定下目标，只要肯尝试，即使失败，也无悔今生，这好过什么都没做过，更好过连失败的机会也没有。

BOX

给孩子思考空间

虽然功课繁重，把大人和孩子都压得透不过气来，但我坚持要给孩子一些自由时间，有专家称之为“思考空间”。应该让孩子每天有一段自由时间，做喜欢的事，玩游戏也好，做白日梦也好，总之让他们的小脑袋放松一下，天马行空，有独立自主的时候。

20 师生都要减压

我认为老师不能有太多行政工作，应该有时间多做一些与学生相关的事情。例如多说一句关心或鼓励学生的话，这可能不只是改善孩子的问题，更能影响他日后的成长，甚至一生。但将心比心，如果自己作为老师，除了教学等繁重职责外，一星期还要开八次会议，更要频繁地交工作报告，每晚工作到八九点才回家，哪有余力做教书以外的事，去额外关心个别学生？老师要有热诚和充裕的时间，才能有正面的教学能量。

我从当老师的朋友口中了解到，除了少数对教育有理想的人，一般老师在繁重的工作、不合理的期望及要求下，能够保持热诚及坚持教学理想的时间也就几年。

归根结底，学校减少老师的行政工作及学生的功课量是治本的方法。如果作为家长的我们硬要孩子每天有八样功课，一星期有一次小测验……这样才感到踏实，认为孩子学到了东西，不会落后于人，那么这想法有待商榷。

为何不能把功课由八项减少至四项？为何小学一年级都要读七八科？内地小学生也只集中在语、数、英三科，真不明白我们的小朋友为何要读这么多的科目，这是否会令孩子的知识基础更不牢固。中、西史一起读，外国和中国地理也同时要读，世界这么大，岂能一一包罗？最惨的是，所学的内容与自己无关，与其读十五六世纪西班牙发生了什么大事，倒不如教中国近现代的历史更好。

孩子每天有十样功课，时间紧迫，一开始就入“直路”，孩子每有停顿，要思索如何做时，父母或补习老师便立即介入，差不多是抓住他的手，告诉他（而不是解释）怎样做，总之是尽快做完所有功课。如此这般，孩子便不会自己思考，一有问题就等人帮忙了；如没有人在身边，便去逃避，日后成为我们所说的缺乏独立思考的年轻人。

21 好老师的八个目标

从幼儿园到高中毕业，我们有超过十四五年是由老师教知识，如果我们的孩子不懂得尊重老师，试问他们又如何虚心听取教导？

我在网上看过一篇文章，想与读者分享。文章说一名老师被问及如何对学生作出贡献，他说：

1. 我让孩子好学。

2. 我让孩子喜欢发问。

3. 我教孩子做错事时会认真去道歉。

4. 我教孩子对所做的事自己承担。

5. 我教孩子怎样写作。

6. 我让孩子喜欢阅读。

7. 我让孩子感到教室是一个愉快、安全的地方。

8. 我教他们好好运用天赐的能力，努力学习，跟随心中所想，最终他们都会成功。

以上几项未必每一个老师都能做到，但只要他们有心及肯尝试，总会在培养学生上有所贡献。我们也应该与孩子一起尊重老师，否则又怎能教我们的孩子学习尊重，孩子又怎能虚心向老师学习？到时孩子只会用“老师不好好教”等借口来逃学。

22 尊重老师

现在的家长很会为孩子争取权益，很会投诉老师。要求老师除了要教好功课外，还要照顾孩子的情绪，解决所有问题，总之孩子有问题便是学校、老师造成的。曾经有位母亲到学校投诉老师不体谅女儿近日情绪低落，硬要她交作业，甚至留堂补做！

了解过后，女儿的情绪原来是因为父母近日经常吵架造成！教导孩子，学校和老师担当重要的角色，但无论怎样说，还是父母负最大的责任，不能轻易推卸责任。

听说有一个孩子被老师责备后，向父母哭诉，父亲就跟孩子说："你不用理会老师的话，如果他那么有本事，就不用当教师了，收入不多，他也只会教书啦！"听到之后，真的令人心寒，这种说法只会令孩子对老师更加不尊重。试问未来在学校，他又怎能健康成长、虚心学习呢？

说这话的父母真的是罪大恶极，他令孩子认为当老师是不值一文，把孩子的价值观完全扭曲。作为父母的，即使真的认为老师对孩子的教法不对，也不要随便在孩子面前说出"真心话"，在了解过后，有需要就直接跟老师商讨，在孩子面前，也要控制自己的情绪和语调。

有些父母认为，自己年年捐钱给学校，又或认识学校高层，便以“我是你老板、消费者”自居，毫不留情地指责，试问孩子又怎会尊重老师，听从教诲？连老师也不尊重的人，相信长大后也难以尊重别人！

现在的青少年有他们自己的价值观，
要增进亲子感情，
做家长的就要想办法进入他们的世界，
了解他们的喜好，
让他们表达意见，与他们融洽相处。

第六章

家庭关系及个人成长，
受父母与孩子相处方式的影响非常大，
好的亲子关系，有助社会共融。

第六章 父母恩勤

01 给壮年我辈的一封信

你的子女可能已读小学，甚至在读中学，我们已差不多到了或过了不惑之年，幸运的是，大多数人发际线后移得还不太严重，肚腩还不太大，站立时还可以看到脚尖，还不用吃降胆固醇等的药。

我想与各位奋斗了半辈子的朋友分享一些生活体验，有些是从他人和网上分享得来的。

1. 时间就像一条河流，我们不能够触摸同一河水两次，因为同一河水只流过一次，不会重复，我们应好好珍惜并享受生活的每一刻。

2. 我们应懂得享受和朋友的相处时间，而非只重视积累财富或其他物质，因为友情、亲情才是最宝贵的。

3. 要为自己的兴趣、梦想打算，在能力范围内应订好计划去完成，因为辛勤了这么多年，这样做才对得起自己。

4. 如果现在要努力工作、照顾孩子，那么我们也要专注享受现在。写下未来的计划或梦想，慢慢达成。千万不要觉得未来要做的事（例如旅行、买一套极名贵的音响器材）很遥远，因为不知要等到何时而觉得沮丧。活在当下，上天可能先让你享受亲子家庭的乐趣，工作的拼搏，之后要来的自然来。

5. “年纪大，机器坏。”当我们日趋年长，身体也渐渐会出毛病。

倘若真发生，顺其自然吧！话虽如此，如果自己因为没照顾好身体、暴饮暴食、不定时睡觉，而致百病缠身，便是咎由自取了。我吃“七成饱”的习惯已有多年，发觉对身体不错，起码没有大肚腩和消化系统上的毛病。

6. 乐天知命。倘若我们已过了五十岁，享受现在拥有的一切，不要为了住不起两百多平方米的大房子而郁郁寡欢，觉得自己好穷、好惨。对不起，如果你仍是打一份工，有理想固然好，但恐怕太迟了。

7. 少点抱怨，多点包容。活了半辈子，有人生经验又有智慧（不少人以为），但样样事看不顺眼，例如在餐厅嫌人服务不好，上菜上得慢，经常骂人。如果可以多点包容、忍耐，食物不好、服务不好，下次不光顾就得了，何必要破口大骂，伤人又伤己呢？

02 身教审慎

2010 年年中开始，我订阅了《读者文摘》中文版，订阅后不久，看新闻说《读者文摘》的母公司在美国申请破产保护。如果真的倒闭就很可惜了，因为像这样充满正气、具有知识性又轻松的月刊已经越来越少了。我不太担心这老牌杂志真的会倒闭，因为过往它已数度易手，最后又“有惊无险”，继续生存。

订阅这本杂志主要是因为它适合一家阅读，孩子尤爱“开怀篇”。除了《读者文摘》外，我们也订了《国家地理杂志》中英文版、《温暖人间》和《经济学人》。

孩子们逐渐长大，作为父母真的要慎重挑选刊物（包括报纸、杂志等），因为要是孩子看了一些不该看的内容，他们向你发问还好，否则藏在心里，对身心健康发展不是一件好事。

我与朋友开玩笑，即使自己要看儿童不宜的光盘，也要把光盘收藏好；要赌马，也不要在孩子面前高谈阔论；要抽烟，也不应在他们面前吞云吐雾。如果自己的坏习惯改不了，或是认为自己活了几十年，要放松一下，那就在孩子面前收敛。作为父母要对孩子负责任，他们以父母为榜样，你可知在父母抽烟的环境下孩子抽烟的比例有多高？父母是孩子的镜子，立坏榜样是很自私的做法。

有些父母可能会说，即使他们不在孩子面前抽烟、赌马或说脏话，孩子将来也会接触到，不如让他们早日见识一下，说不定少了好奇心,将来不会染上坏习惯。这样的狡辩恕我无法认同。事实是，这些父母不愿意多走一步去室外抽烟，或是等孩子不在家或睡觉时才看儿童不宜的光盘等。为了一己的方便而树立坏榜样，是没有尽父母应有的责任。

03 一句鼓励的话

说话是一种表达爱的很有力量的方法。一句亲切、诚恳和鼓励的话，一些正面引导的话，都是在告诉孩子“我在乎你”。

《儿童爱之语》一书中说：“肯定的言辞、适当的赞美，一句鼓励、引导的好话，对孩子具有启发性。相反，批评和刻薄的话对所有孩子都有害。”

很多年前我读过郑丹瑞先生专栏里的一篇文章《只有你能欣赏我》，至今记忆犹新。文章的内容大概如下：

在幼儿园阶段，老师告诉母亲说，她的孩子好像患了多动症，不肯坐好，在全班表现最差。儿子似懂非懂地问母亲老师说什么。母亲说：“老师说你进步了，由原来坐不到一分钟，现在可以坐三分钟。”那天孩子高兴极了，连吃饭也快了，不用母亲喂。

小学时，老师在家长会上跟母亲说，你的孩子成绩很差，排名差不多最后，智力有问题。回家后，母亲说：“老师说你不笨，只要用心一点，一定会超过邻桌同学。”儿子听后，重燃希望。

初中时，老师跟母亲说，以现在的成绩看，你儿子考进重点高中有困难。回家后，母亲说：“老师说只要你努力，考进重点高中一点也不难！”

终于高中毕业，儿子将清华大学录取通知书交到母亲手中，紧抱母亲，流着泪说：“妈妈，我从小就知道自己不是一个聪明的孩子，也知道老师对我的评语，但是，世上只有你能欣赏我……”

这故事给我们什么启发呢？一句鼓励的话能令孩子转变，能令他们的态度变得积极，甚至改变他们一生的命运。

04 与子女同行

亲子关系如何建立，主要是用技巧，我逐渐发现，要儿子学好，或要他们做父母要求的事，就要融入他们的处境，体验他们生活的点滴。

冬天，大儿子总是喜欢穿薄衣服，不怕冷（可能是平时多游泳的缘故），还要开风扇。如果我们自己觉得冷，就会要求他多穿衣，将自己的感觉强加在他的身上，是最容易犯的错误。

现在的青少年有他们自己的价值观。例如母亲常质疑 rap（说唱）的歌文法不好，但如果母亲与儿子多沟通，就会明白儿子欣赏的是 rapper（说唱歌手）的创作才华和音乐天赋，不可只看表面。

要增进亲子感情或沟通，家长要想办法进入孩子的世界，了解年轻人的喜好、潮流，从而接近他们的语言，在相处时就会变得融洽。

家庭关系及个人成长，受父母与孩子相处方式的影响非常大，好的亲子关系，有助社会共融。

开放心态，父子共受益

我有一位新加坡好友的亲子故事，值得在这里与读者分享。

朋友的长子十五岁开始喜欢上健身，后来又迷上举重。由于孩子有天分，被教练推荐进国家举重协会受训。当朋友知道后，与太

太一起大力反对，因为他们觉得练举重要吃类固醇，还要吃一些“奇怪”的食物，加上体形会变得过分粗壮，所以极力反对。

不过，他的儿子坚持练习，每星期起码练四五次，而且能够保持学业成绩不受影响。朋友曾经到健身房参观，对儿子的兴趣多了解一些。几个月后，儿子的坚持感动了他俩，且难得儿子把功课和练习都安排得井井有条，人也变得很自律。

现在，朋友在可能情况下都会观看儿子比赛，或陪伴他去国外参赛。他说不但儿子的眼界开阔了，自己也受益，亲子关系也得以进一步提升！他完全不担心孩子会学坏。

这是一个很好的例子，说明父母的支持和开放心态对孩子和自己都有利。

05 给孩子一份尊重

有一句父母常用来骂孩子的话："生块叉烧都比生你强，至少可以填饱肚子，不会顶嘴，惹我生气。"儿女年纪还小的时候，如此被骂只会低着头，不会顶嘴，但弱小心灵受到的伤害可能非常大。经常被骂，子女心里可能觉得："叉烧是猪肉，真要是生出叉烧，难道父母是猪？"知道这样自娱还算好，倘若子女偏执一点，觉得自己连猪都不如，自尊心、自信心都会受打击。

下次当你再骂孩子时，请想想如果你自己的父母这样对你说，会有何感觉。

当父母伤害到子女，应该如何补救？

我的做法是，在第二天与儿子单独相处，说："爸爸这么凶是因为你做错了一些事，但爸爸当时也太大声，不应该随便咆哮。大家都有错，下次一起改，好吗？"通常儿子都会欣然接受。

当子女进入青春期，有自主能力的时候（即使没有自立的能力），他们便会反抗，增加与家人冲突的机会，最后两败俱伤。

我们都明白父母说"生块叉烧……"的时候，肯定是非常生气才会冲口而出，但这些话对孩子伤害极大，更重要的是，父母没有给孩子一份尊重。

孩子被骂的次数越多，便是不被尊重的次数越多，孩子的自尊也荡然无存。试问一个不受人尊重、已失去自尊的孩子，如何懂得尊重自己？

现在年轻人的“粗口文化”在公众场合随处可闻，他们把粗言秽语当成一种发泄（或是炫耀），但旁人看来便会觉得他们没礼貌、没家教。

教孩子懂得尊重自己的同时，也要尊重别人。除了平时的教导外，父母身教是最重要的了。

06 父母要乐观

父母是孩子学习、模仿的对象，好的、坏的，都会跟从。

有些父母认为行为上检点、对人有礼貌、肯助人就足够了，但他们不知道孩子除了学习父母的行为，有时连想法也会受到父母的熏陶。

作为父母，对人抱着怀疑的态度，对事抱着悲观的看法，不管是什么事，经常将“不行的”“不要试啦”等负面的话语挂在嘴边。孩子长年累月看到父母这种凡事犹豫不决及退缩的态度，即使没有真正遇到困难，但这种无形的恐惧感已对孩子造成影响，令他们不敢去尝试新事物。

一个小孩子倘若这么早便习惯了在自己的舒适区生活，这是很可悲的事。成长中的孩子和年轻人最重要的，是要抱着不怕挫折、勇于尝试的心态成长，而不是畏首畏尾。

父母的悲观思想种植到孩子心里，是很可悲的事。

07 不要错过童年

尽责的父母，未必可以完全了解孩子的内心世界，但是起码他们会尽量抓紧机会，趁孩子还小的时候，与孩子亲密相处。

只要在许可的情况下，我们应该经常在孩子的生命中出现，不论是送上校车、偶然在学校接放学、坐在观众席上看他们打球或游泳、出席他们的一些表演（个人也好，团体也好）……哪怕是“陪坐”“陪听”，我们的出现都可以成为孩子的动力，或是受挫败时的支持力量。

亲子关系就是这样建立的，要日积月累、一点一滴建立起来。

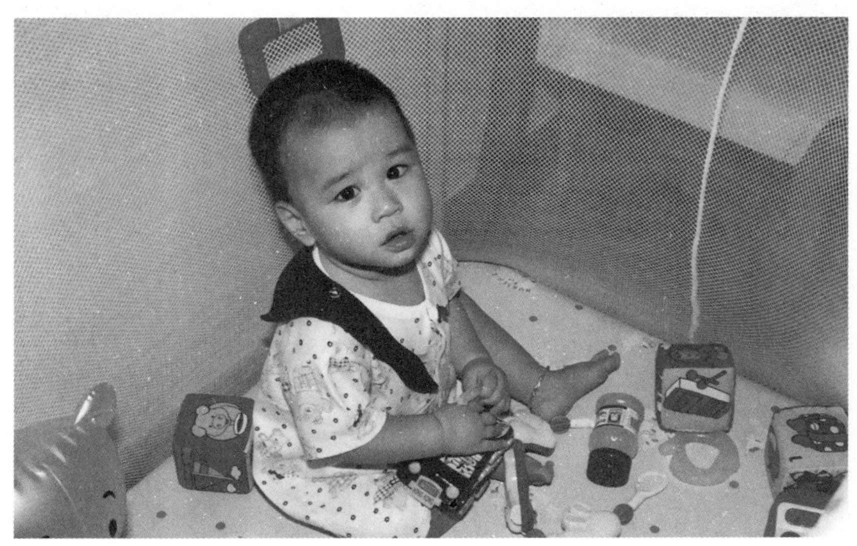

千万不要想着有太太做，自己可以趁机偷懒，偶尔“请假”是可以的，但是长期旷课，最终会成为孩子心中不及格的父母。

正比例的回报

在儿子两三岁时，我可能忙于工作或压力太大，加上儿子有妈妈和保姆照料，有段时间减少了和他相处。有一天发现，儿子摔疼哭了，跑去找妈妈。太太想不如叫他去找爸爸，好增加我与孩子相

处的机会，没想到孩子竟跑过去抱住保姆阿姨！

我当时真的心都碎了，明白这是过去一段时间和孩子相处甚少的后果。

于是我下了决心，带他去公园、博物馆，陪他吃饭，特别是谈话，有时是与他单独相处，有时是一家人。不到一个月，孩子和我的关系明显变得亲密很多，肯主动拥抱我，主动叫我的次数增加……

千万不要错过孩子的成长，特别是童年，否则，日后我们一定会感到遗憾和自责。总之，我认为多花一些心思和时间，亲子感情的回报绝对成正比例，因为孩子是很单纯的，他们比任何人都最快、最先感受到我们的付出及对他们的关心和爱！

BOX

不要错过童年

千万不要错过孩子的成长，特别是童年，否则，日后我们一定会感到遗憾和自责。

08 别受孩子操纵

父母爱护子女，但爱并不代表纵容，对不合理的要求要知道说“不”，否则一旦当孩子大吵大闹，在公众地方“撒野”，父母就说“好啦，好啦！这就买！”便会永远成为孩子的提线木偶。

在家中，当孩子遇到不如意的事，有时候可能采取沉默，如一小时不说话，有时候会大叫大嚷“我不喜欢你，我讨厌你……”等行为，最终都是想令父母就范、投降。

遇到不合理的要求，倘若我们不说“不”，反而为了快些解决问题，笑一笑说“好啦、好啦”，这种话会种下祸根，令孩子以为大声哭闹便可以达到目的，或是知道父母（特别是祖父母、外祖父母、保姆）的弱点，知道他们的爱是无条件的，不论自己错与对（明知是错，也觉得是对），只要无理取闹就可以了。即使是自己错，也不会被父母（或最亲的人）离弃。

在这种环境长大的孩子，长大以后不懂顾及他人的感受，不会照顾人（即使已为人父母），更别说照顾父母了，只想永远被人照顾。有些孩子对自己没有太高要求，缺乏上进心，没有责任感。

顾及他人感受

我不是教育专家，但知道要在适当时候，对孩子的无理要求坚决说“不”，然后解释说，倘若现在答应了他们，将来只会害了他们。经多次解释，孩子最终是会明白的。有人认为建立亲子关系，不要随便说“不”，对不起，我并不同意。

我不担心这会令孩子恨自己，将来不理我们两老，不供养我们。如果有这种顾虑，就很可悲。只要尽了为人父母的责任（包括教导知识、教导做人道理），即使孩子不孝顺，那也问心无愧。父母要有做父母的尊严，不用看子女的脸色行事。孩子也应学习尊重长辈，了解孝顺父母是天经地义的事。

做父母最错的是溺爱孩子，不教他们体谅别人，顾及他人感受，使他们以自我为中心，抗压能力差，即使十几岁也已长得比父母高了，但心理还像几岁小孩，才真是叫人担心。

BOX

切勿过度溺爱

做父母最错的是溺爱孩子，不教他们体谅别人，顾及他人感受，使他们以自我为中心，抗压能力差。

09 吃得健康

我写了很长教育孩子心理健康的篇幅，忽然想起孩子除了要心理健康，生理健康也不容忽视。

大家若有留意，现在不少中、小学生体重超标，因而衍生不少健康问题。过度肥胖的原因除了先天遗传是较难避免外，其他后天原因是应该可以避免的。如果家长自己经常不在家做饭吃，常外出用餐、图方便吃快餐或去饭店等，难免吃下大量的油炸、煎的食物，含高胆固醇、高脂肪，长期吃肯定对身体有害，不但容易令人发胖，也令孩子从小习惯了饭馆菜肴，回到家里对清淡的食物反而不合胃口，甚至难以下咽了。

将来肥胖人口导致医疗支出的负担是不容忽视的，政府、家长都有责任防患于未然。政府应制定一套长远的政策，鼓励或资助学生购买营养午餐，使学生养成一个平衡的饮食习惯，利于健康。“病从口入”，我绝对赞同这个说法，乱吃、挑食等习惯若从小养成，很难在长大之后改变过来。

吃得健康，其中最简单的一点是吃“七成饱”。

硬要将食物吃进肚子，不管是怕浪费还是味道好，其实已经使身体消化不了了。胃部百分百地充塞，又怎能好好消化？其他器官也负荷过重，又怎能有时间排毒呢？

作为家长，我们应从小纠正孩子不健康的饮食习惯，而且首先从自己开始，少喝汽水、少吃薯片……改变他们挑食的习惯，最后，做到偶尔才吃一些不利于健康的食物，但只可以纵容自己一下，必须适度控制。倘若完全不吃零食或不喝汽水等，我们又怎能意识到应该多吃有益于健康的食物呢！

BOX

七成饱最健康

吃得健康，其中最简单的一点就是吃“七成饱”。

10 家长的角色

管教子女是家长的责任，但作为家长，到底担当什么样的角色呢？

很多人认为，家长的角色是付出，责任重大。可能由于这个观点，有不少人选择晚婚，甚至丁克，因为觉得做家长的职责压力太大了。

虽然我并非专事教育，但作为家长，我觉得育儿有很多好处，除了孩子带给父母的乐趣，更重要的是亲子关系带来的家庭和谐。老一辈人说："夫妻俩不管怎样，不要天天吵架，要多为儿女们着想。"这说法在一定程度上是对的。

建立家长身份的动力，的确是要有决心（由怀孕到养育）和恒心（照顾到十八岁），少一点儿毅力也不行。

有些人三四十岁了，自己的生活都管不好，例如没有储蓄计划、喜欢夜生活、生活混乱，试问如何养育子女？那些过于年轻及还未"定性"的人，也需要整理自己的人生，例如修补与父母、家人的关系。在"修正"后，将来教育自己的子女时，必然处理得更好，我相信大部分人都可以担当父母的角色。倘若以"先多存些钱"为理由而推迟生育，最终只会延长退休时间，且有高龄生育的风险。而且做父母的年纪超过四十岁，有时与孩子一起做体力活动，多少会觉得吃力，有力不从心之感。

11 勿给子女留过多东西

当我们读法律书籍，或听法庭案例时，不时会听到经济纠纷发生于父母与子女或兄弟姐妹间，为何这样？除了为个人争取应得权益之外，也因为遗嘱写得不清楚或不留遗嘱，引起争执。

归根结底，是我们留下了不必要的东西给子女，在遗嘱中写得不清楚，引来纠纷，令受益人（亲人）反目成仇，对簿公堂，爱变了成害。

遗产不是必然

父母如果真正爱护孩子，应在教育和为人处世方面多加栽培并投入资源，而不是告诉他们："放心，到时我会多买一些给你，再留一些家底给你！"

以下做法可减少不必要的争执。

1. 从小教导孩子长大后要自力更生，父母也有自己的生活，两老要互相照顾，钱不会留给子女。

2. 即使有钱可留，也不一定留给子女，因为古语有云："好仔不论爷田地，好女不论嫁妆衣。"要教导他们靠自己，培养将来独立生活的能力。

3. 尽早清楚地告诉子女，在遗嘱上会写明把遗产送给某些慈善机构，向他们解释这些慈善机构的宗旨和运作，让孩子从小了解慈善机构对社会的作用，将来他们自己是否去做同样的事情，就由他们自己了，起码父母树立了一个好的榜样。

4. 趁自己走得动的时候，应当与另一半做喜欢的事，不要等到儿女长大或退休后才做。若到时因为某些原因，完成不了一些简单但对自己或另一半有意义的事，就太不值得了。我和太太会定期去旅行，让孩子知道，不能任何时间都依赖我们，每个人都有自己的空间。

5. 勿留财产给孙儿。有朋友除了养大子女，还费心帮衬养孙子，甚至打算拿出部分养老金作为孙子将来的教育费。弄孙为乐是天大的喜事，但不用全职做，也没有责任这样做，应是“老爸养儿子，儿子养孙子”。

12 儿童兴趣班

每次与亲友谈起送孩子读兴趣班，又或在什么时候最适当时，每个人的看法都不同。有些人说，半岁至九个月大就要入读兴趣班，一岁已太迟了。这究竟是学前教育机构的推广成功，还是父母望子早日成龙，实在不得而知。

我们那个年代也有兴趣班，但起码到接近两岁才入读，当时的想法是让小朋友做一些帮助手脑协调的游戏或运动，增强手、眼、口、耳等的协调性。但现在是要学其他语言（一岁既学英语又学普通话，十点开始上课，十点四十五分就要去隔壁班学英文），目的是提高竞争力。我有一个朋友，他的两三岁的孩子参加了接近十四个兴趣班！

多＝好?

不能否认，参加完兴趣班的小朋友，由不习惯与人相处变为比较外向、活泼，从不懂 ABC 到懂得 The pig is pink（猪是粉红色的）！利用兴趣班来帮助发掘孩子的潜能和兴趣，这是父母的一个良好的意愿，但是要避免让过多的兴趣班对孩子造成负面的影响。

1. 兴趣班过多，再加上没兴趣，便会使孩子产生抗拒心理。压力增加，大到不能承受时，就会使孩子变得逃避新事物，缺乏自信心。

2. 有些父母要求孩子游泳四式全精通（又不是以教练为终生职业，何必要会四式），或要求通过钢琴八级考试，又要求快速练习读和写……记得一些字并不代表他们明白，父母是否心急了点呢？

孩子的压力可能来自以下方面：

1. 当达不到要求时，孩子会感到沮丧，因为担心父母不开心，虽然父母常说“没问题啦，尽力就好了！”但当见到孩子做得不好时，父母可能将练习一星期一堂增至两堂！父母嘴上说没有压力，但实际行动已告诉孩子要加把劲！

2. 自信心下降，个人形象和不安全感也随之而来。专家说，儿童的自信心主要依赖父母的关爱和鼓励，孩子希望做一些事情来博得父母欢心。但是，当父母认为自己已不断地创造充足的学习机会给他们时，反而会令他们感到压力，失去自信心甚或学习兴趣，父母良好的意愿变得吃力不讨好，甚至以后悔收场！

让子女表达他们的兴趣，即使看似没有实际用途或对升学没有直接帮助（例如自然教育兴趣班）的课外活动，父母也应鼓励和支持。

13 帮孩子减压

当孩子有压力时，大一点的孩子会说出来，但年幼的孩子还没有良好的语言能力来表达他们的想法和感受，往往会通过身体语言表达，例如哭闹、易怒、小小事不如意便发脾气或情绪低落、头痛、逃避，或有新的习惯，例如咬手指等。作为父母，最重要的是了解孩子的长处和短处，寻求平衡。

有时孩子的情绪或行为出现偏差，是孩子压力过大所致。专家说，父母的体谅和支持，是帮助孩子减压的最有效方法。

1. 与孩子一同面对，鼓励他们说出问题。

这点有些困难，特别是上了中学的孩子，他们变得有个性、要独立，所以“问什么都不说”。我们可以做的，是要选择一个合适的环境和时机，例如在与他一起做运动时（踢足球、打篮球……）或与他一起躺在床上谈天说地时，在这样轻松的环境下，孩子是会比较愿意说出心里话的。

2. 增强孩子与人沟通能力，令他们学会表达。

有些孩子很自律，效率非常高，但与人相处就不及格。我们要从小刻意制造环境让孩子有发表意见的机会。我家的饭桌上有一块玻璃板，让儿子写上简单的字句，我往往会带头做。

另外，鼓励孩子在学校多与人沟通，适当的时候，让孩子带一些零食去学校请人吃，未尝不是一种“微笑外交”的方法！

14 新学习环境

我的两个儿子上幼儿园和小学时，基本上都没有太多的适应上的困难。儿童在两个阶段会有适应期——升入小学和升入中学。例如他们由幼儿园升入小学，因为要适应突然增加的功课和考试，加上环境的转变，开始时难交朋友，甚至可能被其他同学欺负等，这些因素都会令孩子感到有压力。

如果我们发现子女有一些症状，例如没有胃口、头痛、体重下降、不愿意上学，甚至有一些负面的念头等，我们应在一个适合的环境下与孩子倾谈，找出真正影响他们不想上学的原因，对症下药。

有时孩子只是不喜欢邻桌的同学，又或受到个别同学的欺负，这可能只是同学过分热情或动作稍粗鲁，那么我们可以叫孩子尝试与他们做朋友，以友善的态度打破隔膜，由“敌人”变成朋友。最后如不成功，可与老师商讨，看可否换座位，或警告对方不能粗鲁待人。

有些孩子可能是不喜欢学校的厕所，或小学的教室变得比从前大，没有了小小房间的温暖感觉，也没有在幼儿园里友善地照顾他们的清洁阿姨……种种改变可能会使他们出现头痛，也有尿床的情况。在此情况下，家长可能需要寻求专业辅导，同时用实在的方法降低孩子尿床的可能性，例如晚上少喝水，更重要的是要柔声鼓励，不要动辄骂道“这么大了还尿床”。

15 开明与包容

有一位朋友的儿子年近三十多岁，患有抑郁症，他不断问自己："我为何生存？生存的意义是什么？我是否为别人生存？"这个病一直困扰他十年，看过医生后，才发现原来从小开始，由入学选科、旅行地点，乃至做什么工作，都是由父母决定，自己不能选择。这个例子正好让我们作为父母的进行反思。

★一个开明的家长应以尊重和包容的心对待子女，多听取他们的选择，以他们的看法来看事情。当然，我并不是指对六岁的孩子唯命是从，但是如果一个十岁的孩子告诉你，他不想游泳、不想学琴，只想参加童子军，喜欢足球……那么我们便需要去调整自己的期望，及"我是为你好，将来你就知道了"的想法了。

★每个孩子都有不同的个性，栽培和教育方法也不同。面对开始提出意见的孩子，我们要聆听并给予反应，而不是"只听不做"。我对儿子承诺，要求他游泳直到十二岁，之后继续与否，由他自己决定。当此建议提出之后，他（当时九岁）就再没有抱怨，专心游泳了。

订下时间表

有人说，做人最怕看不到"出路"，倘若我们没有时间表给孩子，硬要他做这做那、学这学那，即使本来是他喜爱的事，也可能会厌倦。

有一个例子不知是否适用于此，听说在监狱，一些重犯在接近刑满时，会由高度设防的监狱转至较低设防的监狱，真正原因不大清楚，可能是腾出狱室给不断进来的犯人，又或者让他们过得比较轻松一点吧！这些曾犯重罪的人在最后的数个月，绝大部分也很循规蹈矩，不会随便犯事。因为他们知道，倘若“顽皮”，就可能要加刑期，不能如期出狱重获自由。这个例子，不知是否与给孩子一个期限相似呢？哈哈！

16 孩子需要被聆听

当青少年遇到压力，无法宣泄，又找不到可倾诉对象时，有些人可能以自残的方式（从轻微烫手至严重伤害自己身体）来发泄内心的不满。有专家说，部分原因是引人注意，也有部分原因是愤世嫉俗，有报复心理。

除了自残，有些青少年可能会采取自我放弃的方式，他们逃避上学、不交作业。在我身边发生的一个情况是，朋友的孩子进入青少年阶段，父母像其他父母一样抱有期望，起初鼓励孩子学游泳、进名校，为他请补习老师。开始时（至十四五岁）孩子言听计从，但一踏进中学便一百八十度大转弯，以不想上课、没兴趣读书为理由，一星期缺课一两天，成绩大倒退。我对详情也不十分了解，不打算评论，但有一点肯定的是，孩子需要被聆听。

如果能让孩子说出他们的心底话，知道有人聆听他们的感受，不快的情绪不再被压抑，或许能减少孩子自我放弃的念头。

我们应了解孩子进入青少年的阶段，开始寻找自我，也有自己的见解，但往往被父母事事 say no（否决），认为反叛。青少年也会觉得父母蛮横无理，认为父母不了解自己，日夜唠叨。当他们觉得受委屈，钻牛角尖，便可能产生报复心理，誓要令爱他们的人“受尽折磨”。

看过一些专家的忠告，父母应先了解孩子情绪背后的原因。倘若是疏于照顾，那么只要纠正过来，尽力补救，重新学习做人父母之道，为时未晚。

处理子女的问题时，我们要说得清清楚楚，不能假设对方明白。爱与关怀要落实、要执行，不能只是挂在嘴边，要清楚他们已感受到才有效。

17 清楚、实在地去爱

朋友儿子的问题，不是缺乏爱或关怀，而是孩子缺乏抒发情绪的途径和机会，他没有以参加运动来发泄，也没有找人倾诉，最后选择逃避。

父母与孩子的相处中，可能会出现误会，父母说时无心，例如，“我已样样给你最好，你还有什么要求？还有什么不满？”“我们已为你找了最好的补习老师，为什么成绩不见起色？”这些话会对孩子造成非常大的伤害。因此，作为负责任的父母，我们真的要发泄时，要先在心里数“一、二、三”，冷静一下，才说出口，这样过滤后，对双方的不利影响都会减少。

先过滤，后责骂

如果发觉孩子开始出现情绪病，我们可以选择在一个宁静、舒适的环境倾谈，平心静气地聆听他的情况，了解他的需要。但当他的情绪病较严重时，除了表达对他的关心和支持外，更要鼓励并陪伴他去看专业人士，寻求帮助。很多时候，需要帮助的又何止孩子本身，父母也要接受辅导，虚心学习，接受及承认过去，与孩子一起重建亲子关系，助他重新上路。

18 需要时放手

朋友儿子出现情绪病，最主要的原因是父母太溺爱孩子，令他不能成长起来。很多贫困地区的孩子，三岁已能自己做饭吃，而我们的孩子到六岁时还要保姆喂，甚至见过读初中的男生还要保姆喂饭、喂汤，因为父母认为孩子功课忙，一边吃一边读书，节省时间！

然而，孩子成长是要经过磨炼的，做父母要狠下心肠，适当时候要放心（放手）让他们去试，去闯。

例如当孩子初入幼儿园，可能不习惯，在学校不吃不喝，回家后像饿死鬼一样，狂吃东西。倘若我们狠下心肠，当孩子回家，不给他任何食物，很快孩子就知道在学校不吃东西，回家也是饿着，他便不会再这样了。只要父母狠下心肠，是可以令孩子改变的。

生命中的波折，是给人发光发亮的机会。

愿我们的孩子不用终日受到过分的保护而失去了发挥潜能的机会。

沟通

父母与孩子建立亲子关系和互相信任时，关心爱护不能缺少，但沟通也极为重要。缺乏沟通，我们如何了解孩子的需要和难题以及他们的内心世界？

作为父母，不能不了解年轻人的潮流，要对未来趋势有所预计。青少年喜欢新事物，如果我们从一些渠道，例如杂志、电视吸收新的信息，便不会落后于他们了。

19 小霸王

当小孩子年纪很小的时候，例如一两岁，他们偶尔会做错事。例如对人没礼貌的时候，有些家长特别是家中的老人家（爷爷奶奶、外公外婆），可能会说："没关系，他现在还小，长大就明白啦！"

这种说法，表面是对的，但我们不要小看孩子，他们从出生开始就懂得察言观色，即使只是几个月大，当我们稍微大声点儿对他们说话，他们也会表现出不高兴，甚至哭起来。

如果孩子从小习惯了对人没礼貌，或不理会别人的感受，而且大人不及时进行纠正的话，他们就会习以为常。我们也不希望见到

十五六岁的孩子仍然我行我素，不顾及他人感受吧！更有甚者，当孩子恃宠生娇，知道不论做错什么事，不但不会被责怪，甚至还有父母出来善后，久而久之，他们便会对爱他的人，期望“无条件地爱”，但自己永远不会付出，最后受伤害的不只是他自己，还有从小纵容他们的大人们。

所以，我们要从小教导孩子，有错要认、要改、要承担。

BOX

爱太多还是爱太少？

对于“独生子家庭”，父母只能宠爱，不能纵容，否则会妨碍孩子学会独立。如果孩子不止一个，父母要留意不可偏心，否则一个被忽略或不被赞赏的孩子，会记得父母对自己不好，那种被忽略的感受，永远也不会忘记，如形成恶性循环，长大后就会有自卑感、自我形象差，变得被动。

20 父母恩，胜万金

我带着两个儿子和我的学生吃饭，偶然想起一个话题，席间大家聊起关于父母的点滴。

起初有的同学说小时被痛打，到现在还记得。后来我提议不如说一些开心事，希望有正能量。

开始时同学们都有点腼腆，不太愿意说出心底话。渐渐大家畅所欲言，当时餐厅只剩下我们一桌，服务员也静心细听呢！我节录数段如下。(我尝试如实引用同学的话，所以是中、英文夹杂，这样才潮呢！)

小儿子："我记得有一次梦游，由自己的床走到父母的床，爬在爸爸身上，被爸爸抱着，感到很温暖，觉得他很疼我。"

Donald(唐纳德)："小学三年级时，我从内地来香港，离开外婆，想起她时会哭，妈妈背着我在街上走动，让我睡觉，很感动。"

Derek(德里克)："在小学五年级时，妈妈来学校接我放学，当时感到没面子，怪妈妈不信任我自己可以回家……长大了才觉得自己不对，感到以前好幸福。"

Tee(蒂尔)："小学时，父亲用扫把棍打我，我好恨他，幸好有母亲开解，很感谢她，让我对父亲的憎恨也减少了。"

Cynthia(辛西娅)："小学六年级时，我甲状腺出了问题，要吃药，病很重，很不开心。其实父母更担心，在冲凉时，听到父母提及我的病，感到他们很在意我。当时我感到好开心，知道父母不太懂得表达，疼我也不会挂在嘴边，也明白自己的病会令他们worry（担忧）。”

Celine（思琳）：“这一两年，父亲在迪拜工作，经常打电话回家，表示对我们很挂念，要我们几姐妹take care（照顾）妈妈。但我要去exchange（做交换生），父亲通过妈妈问我的近况，叫我不要太累。这令我感觉父亲很爱我们，在web-cam（远程通信镜头）会讲好挂念我，但面对面就不会。”

大儿子：“我在三年级时做小手术，爸爸问候我，妈妈陪我睡觉，我好感动。”

Joanne（乔安妮）：“我在一岁半时患了肺炎，不会自己把痰吐出来，妈妈用嘴吸出来（我自己没记忆，是听她说的），感觉她很伟大。我小时候每逢看电视便什么也不理，妈妈叫也不回应，她担心我是哑巴，后来check（检查）过是不是有毛病。我很感谢父母为我这个麻烦的女儿做这么多事情。”

Leslie（莱斯利）：“小学时，在年三十晚，我们三个小孩子一起玩，我撞到玻璃，流血不止，却找不到救护车和出租车，爸爸背着我走几条街去医院，那时我很胖，妈妈在后面追。我好感动，想说句感谢。”

德里克："我大约三岁时，在婴儿车里跌了出来，撞到眼睛狂出血，妈妈吓傻了，怕我会瞎。我们大步跑去医院，一边跑，一边哭，很险，妈妈每晚都睡不着觉。我以前实在太顽皮，现在想起来觉得好感动。"

小儿子："五岁时，我跳来跳去，结果撞到窗台，撞破额头，流了好多血，大哭。爸爸妈妈陪我坐出租车去医院。他们好担心、好紧张的。我好开心，因为爸爸妈妈救了我。另外，小学三年级时，我从斜坡路跑着追校车，跌倒撞伤鼻梁，放学之后，老师叫妈妈接我去看医生。我觉得妈妈好疼我，爸爸好关心我，因为他有打电话问候。"

Daisy（戴西）："妈妈怀着我的时候，已经有肾病了，她给我所有最好的东西，让我先吃，她才吃，而且要 make sure（确认）我吃完了，吃饱了。她腰不好，但小时候我背书包，她背我。到现在她的腰仍不好，她做的一点一滴都是为了我，把所有东西都给了我，就算我要她的心，也会给我的，她是世界上唯一一个会把所有 resource（资源，这里指'东西'）都给我的人。"

儿女的心底话

Sugar（休格）："我被大学录取时，母亲对我说：'我连二十六个字母也不懂，但现在看到女儿读大学。’虽然母亲没有说一些例如‘我很骄傲’或鼓励的话，但作为女儿，我感到骄傲和高兴，我很骄傲能做到让她以我为傲，我有价值。”

休格觉得，“有人关心我，在追逐成绩背后，有时好累，没自信，但其实不是一无所有，还有人在关心我。”

基思说：“记得读中学四年级时参加奥数练习，放学后开始，直到晚上八点多才完，回到家已过九点。平时家人在六点多吃晚饭，我看见桌上的菜用碟子盖着，在大叫肚子很饿的同时，打开一看，原来整碟菜都没吃过，父母在等我回家一起吃饭。父母没有说肚子饿，还叫我‘先洗手，盛好饭就可以吃啦。’”基思说这番话时，眼含泪光，连我们都很感动。

William（威廉）说：“当选文、理科时，茫然没有头绪，爸爸说：‘你无论学文学理，我都会支持你。’”他说感到很放心，不论选得错或对，至少有一个人在支持他。

以上几个同学的感受，都表达了父母的爱无微不至，虽然未必宣之于口，但从行动上已表达出来，子女也感受得到。

所以究竟爱孩子是否只有唯一方式——从口中说出来吗？也不一定，虽然我仍认为要讲也要做。

表达爱意不一定要说出来，也可以稍为间接一些，用行动支持，用一个鼓励的眼神，拍一下肩膀也可以。

21 回报父母恩

接着，我们说到如何报答父母。

蒂尔："早些出来工作，让妈妈早些退休。"

辛西娅："我是家里的大姐，要让父母不用担心弟弟妹妹。他们互相关心，不用父母担心，便会开心一些。"

乔安妮："实习的时候，下班晚，很晚才能到家，妈妈叫我小心身体。为免他们担心，我可能会搬出去住。"

基思："很简单啊，从现在起要坚持每周回家吃饭，不要像一些同学不回家吃饭。妈妈乐意去煲汤煮饭，我们应该珍惜一家人吃饭的机会。"

德里克："近来父母有些感触，因为我两个姐姐在半年内相继结婚，搬走了，我除了供给生活所需外，要多陪伴他们。"

威廉："将来要爱惜自己，做重要决定前先跟他们商量，父母希望我跟随理想去做，不用他们担心。"

莱斯利："我四年不在家里住了，中学三年住宿舍。现在不论身在美国、法国、中国香港或其他地方，每天都会和父母通一小时电话，了解他们开心与否，也让他们知道我在挂念他们。"

思琳："父母与他们的兄弟因生意关系，弄得不愉快，于是父母强调我与姐妹不要伤害对方，好好珍惜亲情。"

德里克："父母不想看见子女走错路，所以要爱惜自己。父母年纪渐大，我们要有耐性听他们说话，不要厌烦。"

小儿子："做饭，特别是保姆不在，煮东西给妈妈吃。"

大儿子："陪伴他们，资助他们，珍惜大家在一起的时光。"

戴西："很简单，把自己所有东西都给他们。我跟妈妈说，我不买名牌，要买房让妈妈和我一起住。为了她，一工作就开始供房。"

基思曾对母亲说："妈妈你不用担心我，我会自己搞定的。"但他说出口的只是这么多，如果可以将内心感激的话说出来就更好了，肯定会令母亲不止开心一整天，而是一世。他想对她说："妈妈，我很爱你，知道你为我操心，你太好了，很关心我，谢谢你。"

22 正确的亲子关系

前文中几个同学知道父母的关怀，感受到被爱，也怀着感激的心，我感到很开心。难道读书名列前茅就令人敬佩吗？对不起，我不认为这样，品学兼优、孝顺父母、尊重师长的人才值得我们学习。

我希望每个青少年也像这些同学，记着父母的关怀。有人会说："父母生了我，当然要养我、关心我。"但反过来，他们却没有想过要尊重父母、孝顺父母，每件事都认为理所当然，饭来张口，还怪饭凉了，又或者批评父母没有帮他们擦干净鞋！孩子没有孝义观念，部分原因是我们忽略了向他们从小灌输正确的亲子关系。

父母如朋友？

有人说要当子女如朋友般相处，要轻声细语，大声骂他们会伤害他们弱小的心灵。我同意沟通时以接近朋友的方式是有好处的，但只限于沟通。同时，做父母的应清楚告诉孩子，我们是亲子关系，彼此的关系是父／子、母／子、父／女、母／女，而不是朋友，朋友反目时可以拂袖而去，甚至永远不见，但亲子关系怎能说中断便中断！

当孩子清楚知道这关系时，他们便不会随意说出一些伤害性大的话，如"我才不做你的孩子"……因为他知道这关系是不能改变的，父母愿意为他们牺牲，作为子女也应尽起码的孝义。

所以如有机会让孩子接触一些古书如《三字经》《弟子规》，让他们学习中国数千年来尊师重道的优良传统，相信比多学一些英文单词更有意义，对他们人生观的建立有正面的帮助！

我在儿子六七岁时，请了一位中文造诣甚深的老师教他，到现在已读遍了以上的课本。在读语文、历史的同时，老师也渗进了一些历史人物介绍，图文并茂，让孩子学习起来更觉有趣。

后记

给两个儿子的信

爸爸最兴奋和快乐的事，除了和你们的妈妈结婚外，肯定是你们兄弟的出生了。

虽然妈妈和我为你们付出不少精力和时间，但我们没有一点儿后悔或抱怨，因为除了这是作为父母的天职外，你们带给我们的快乐和满足感，非笔墨所能形容，例如晚上看着你们睡觉的样子，真像可爱的小天使，甜甜的、纯洁可爱，爸爸工作再累，倦意也一扫而空，再辛苦也都值得了！

爸爸会想，是否因为你们而认为工作有了目的，生活有了重心？但事实是由于你们加上公益事业，令爸爸对将来及生命更有盼望。泽基、泽恩，你们两个也算是听话、孝顺的孩子，当然也有调皮固执的时候。有时会把我们喜得升上天，有时也会把我们气得要死，但无论如何，感谢上天送给我们两只“犬儿”。

我要提醒你们，他日你们即使不孝顺我，也一定要对妈妈好，孝顺她，因为妈妈真正含辛茹苦，照顾你们长大。

每当你们顽皮或不听最后警告的时候，爸爸都会以打手掌作为体罚，倘若罚得对，爸爸不会感到后悔。但也有过因为自己脾气控制不好，而错打你们，爸爸晚上睡觉也会反思，要怎样才不会重犯呢！

爸爸发觉，罚你们不管是对或错（爸爸错占小部分），你们最多隔一天就忘了。例如晚上被打了一下，但第二天早上，你们和平常一样问早安，好像完全忘了昨天的“痛事”。爸爸倒未忘怀，搂着你们说：“昨天罚得对不对？”通常你们都点头，好像已经是很久的事了。

爸爸每次反思，在打过你们之后，特别是可以避免打而以言语教导时，心里便生歉意，趁你们熟睡之后，将你们拥入怀里，亲吻着说：“我爱你。”泽基，爸爸对你作出了承诺，你已十二岁了，爸爸不会再打你手掌，但也希望你要自律。爸爸和妈妈都希望你们兄弟健康及怀着关爱的心生活。

爸爸和妈妈有共识，是在你们十八岁前，不会乘坐同一班飞机，故此需要二人世界的时候，会前后脚乘不同班次飞机在外地的机场会合。

有人说我们太谨慎，陆上交通意外发生的概率更高，但这是我们对你们的责任，故二人同行，不同时间出发，却不感到有任何压力。做人最重要的是自得其乐。找寻适合自己的生活模式，生活如是，投资如是，做人也如是。